AF249427

PREMIER CONGRÈS NATIONAL

DE LA POMME DE TERRE

CULTURE — COMMERCE

Tenu à LIMOGES le 6 Juin 1924

Sous le haut patronage de M. le Ministre de l'Agriculture

Sous la Présidence d'honneur de **M. FAURE**

SÉNATEUR DE LA CORRÈZE

PRÉSIDENT D'HONNEUR DE LA FÉDÉRATION DES ASSOCIATIONS AGRICOLES DU CENTRE-SUD

Présidence de M. DELPEYROU

PRÉSIDENT DE L'OFFICE AGRICOLE DÉPARTEMENTAL ET DE LA SOCIÉTÉ D'AGRICULTURE DE LA HAUTE-VIENNE

et de M. DETHAN

PRÉSIDENT DE LA FÉDÉRATION DÉPARTEMENTALE DES ASSOCIATIONS AGRICOLES DE LA DORDOGNE

MÉMOIRES ET COMPTES-RENDUS

PUBLIÉS PAR MM.

E. POHER

INGÉNIEUR DES SERVICES COMMERCIAUX
DE LA COMPAGNIE D'ORLÉANS

DESSALLES

DIRECTEUR DES SERVICES AGRICOLES
DE LA HAUTE-VIENNE

PARIS, 1, PLACE VALHUBERT

Publications agricoles de la Compagnie d'Orléans

1925

PREMIER CONGRÈS NATIONAL DE LA POMME DE TERRE

PREMIER CONGRÈS NATIONAL

DE LA POMME DE TERRE

CULTURE — COMMERCE

Tenu à LIMOGES le 6 Juin 1924

Sous le haut patronage de M. le Ministre de l'Agriculture

Sous la Présidence d'honneur de **M. FAURE**

SÉNATEUR DE LA CORRÈZE

PRÉSIDENT D'HONNEUR DE LA FÉDÉRATION DES ASSOCIATIONS AGRICOLES DU CENTRE-SUD

Présidence de M. DELPEYROU

PRÉSIDENT DE L'OFFICE AGRICOLE DÉPARTEMENTAL ET DE LA SOCIÉTÉ D'AGRICULTURE DE LA HAUTE-VIENNE

et de M. DETHAN

PRÉSIDENT DE LA FÉDÉRATION DÉPARTEMENTALE DES ASSOCIATIONS AGRICOLES DE LA DORDOGNE

MÉMOIRES ET COMPTES-RENDUS

PUBLIÉS PAR MM.

E. POHER

INGÉNIEUR DES SERVICES COMMERCIAUX
DE LA COMPAGNIE D'ORLÉANS

DESSALLES

DIRECTEUR DES SERVICES AGRICOLES
DE LA HAUTE-VIENNE

PARIS, 1, PLACE VALHUBERT

Publications agricoles de la Compagnie d'Orléans

1925

INTRODUCTION

La pomme de terre est certainement avec le blé le produit qui entre pour la plus large part dans l'alimentation humaine. On peut dire, en effet, que ce précieux tubercule est consommé en plus ou moins grande quantité par toutes les classes sociales des différents pays du globe.

La pomme de terre trouve également son emploi dans l'alimentation du bétail et constitue la matière première de deux importantes industries qui en absorbent d'énormes quantités : la féculerie et la distillerie.

Aussi la pomme de terre intéresse-t-elle au plus haut point, non seulement l'agriculture et la consommation, mais également l'industrie et depuis de nombreuses années bien des efforts ont été faits pour intensifier sa production.

En France, les cultures de pommes de terre sont importantes, puisqu'elles couvrent 1.500.000 hectares, produisant en moyenne 170 millions de quintaux de tubercules, cette récolte restant toutefois bien inférieure à celle d'autres pays, notamment de l'Allemagne.

Notre production surtout à l'état de primeur donne lieu à d'intéressantes transactions commerciales avec l'étranger et, avant guerre, il existait d'importants courants d'exportation qui depuis ont diminué sensiblement et qui pour certaines années ont été inférieurs à nos importations.

Cette situation déplorable pour notre économie nationale est imputable, d'une part à la diminution des plantations de pommes de terre et d'autre part aux faibles rendements de ces dernières.

A ces causes, viennent s'ajouter diverses maladies, notamment celles dites de dégénérescence qui ont contribué pour une large part à cette diminution du rendement de nos récoltes, ainsi que l'apparition sur quelques points de notre territoire d'un insecte : le doryphora dont les ravages eussent été terribles, si des mesures draconiennes n'avaient été prises en vue d'éviter sa propagation.

La production de la pomme de terre est donc sérieusement menacée, si nous ne réagissons pas contre tous les maux qui l'atteignent et c'est là un problème d'intérêt national vers lequel doivent tendre tous les efforts des personnes intéressées à cette production.

C'est pour marquer les progrès déjà accomplis et étudier ceux encore à réaliser en vue de porter à son maximum la production de la pomme de terre et de lui rechercher d'intéressants débouchés commerciaux que la Compagnie des Chemins de Fer de Paris à Orléans, a songé à organiser en collaboration avec l'Office agricole et l'Union fédérale des Syndicats agsicoles de la Haute-Vienne le « Premier Congrès National de la pomme de terre ». A cette occasion nous avons vu se réunir l'élite de nos spécialistes, afin d'atteindre par leur collaboration active ce but d'intérêt national.

Les rapports importants confiés à des personnalités renommées du monde scientifique et à des praticiens connus ont été réunis en ce volume que la Comité d'Organisation est heureux de présenter au Monde agricole.

Il a l'espoir que les renseignements contenus dans cet ouvrage serviront dans une large mesure et dans un avenir prochain au développement et à l'amélioration de la production de la pomme de terre dans notre pays.

Le Comité d'Organisation.

PREMIER CONGRÈS NATIONAL
DE LA POMME DE TERRE
CULTURE - COMMERCE

COMITÉ D'HONNEUR

LE MINISTRE DE L'AGRICULTURE.

MM.

CHÉRON, sénateur, ancien ministre de l'Agriculture.

FERNAND-DAVID, sénateur, ancien ministre de l'Agriculture,

GOMOT, sénateur, ancien ministre de l'Agriculture.

RICARD, ancien ministre de l'Agriculture.

VICTOR BORET, député, ancien ministre de l'Agriculture.

VIGER, ancien ministre de l'Agriculture.

FAURE, sénateur, président d'honneur de la Fédération des Associations agricoles du Centre-Sud.

MAZURIER, sénateur, président d'honneur des Associations agricoles de la Haute-Vienne.

le PRÉFET de la Haute-Vienne.

les SÉNATEURS de la Haute-Vienne.

les DÉPUTÉS de la Haute-Vienne.

le PRÉSIDENT du Conseil Général.

le MAIRE de Limoges.

le PRÉSIDENT de la Chambre de Commerce.

LESAGE, directeur général de l'Agriculture.

SAGNIER, secrétaire perpétuel de l'Académie d'Agriculture.

VERGÉ, président du Conseil d'Administration de la Compagnie d'Orléans.

MANGE, directeur de la Compagnie du Chemin de fer de Paris à Orléans.

BLOCH, ingénieur en chef adjoint à M. le Directeur de la Compagnie d'Orléans.

HENRY GRÉARD, chef de l'Exploitation de la Compagnie d'Orléans.

VOGUÉ (Marquis de) président de la Société des Agriculteurs de France.

CONVERGNE, inspecteur général de l'Agriculture.

RABATÉ, inspecteur général de l'Agriculture.

CHANCRIN, inspecteur général de l'Agriculture.

LINDET, membre de l'Institut, Professeur à l'Institut National Agronomique.

SCHRIBAUX, professeur à l'Institut National Agronomique, directeur de la station d'essai de semences.

HITIER, professeur à l'Institut National Agronomique.

BOIS, professeur au Muséum national d'Histoire Naturelle.

CAYEUX, président de la Chambre Syndicale des marchands grainiers français.

COMITÉ D'ORGANISATION

MM.

Faure, sénateur de la Corrèze, président de la Fédération des Associations agricoles du Centre-Sud, *président*.

Poher, ingénieur des Services Commerciaux de la Compagnie d'Orléans, *secrétaire général*.

Dessalles, directeur des Services agricoles de la Haute-Vienne, *secrétaire général adjoint*.

Campan, inspecteur des Services Commerciaux de la Compagnie d'Orléans, *secrétaire*.

Royer, trésorier de l'Union Fédérale des syndicats agricoles de la Haute-Vienne, *trésorier*.

BUREAU

MM.

Delpeyrou, président de l'Office agricole départemental et de la Société d'agriculture de la Haute-Vienne, *président*.

Max Bonhomme, président de l'Union Fédérale des Syndicats et Associations professionnelles agricoles de la Haute-Vienne, *vice-président*.

Dethan, président de la Fédération départementale des Associations Agricoles de la Dordogne, *vice-président*.

Fréjaville, président de la Fédération des Associations Agricoles du Lot et du Quercy, *vice-président*.

Dubujadoux, président de la Fédération des Syndicats Agricoles de la Creuse, *vice-président*.

Poher, ingénieur des Services Commerciaux de la Compagnie d'Orléans, *secrétaire général*.

Dessalles, directeur des Services agricoles de la Haute-Vienne, *secrétaire général adjoint*.

Bacon, secrétaire général de la Fédération départementale des Associations Agricoles de la Dordogne, *secrétaire*.

Chapoulaud, secrétaire de l'Union Fédérative des Associations Agricoles Corréziennes, *secrétaire*.

Marcanas, secrétaire de la Fédération des Associations Agricoles du Lot et du Quercy, *secrétaire*.

Lachaud, secrétaire de l'Union Fédérale des Syndicats Agricoles de la Haute-Vienne, *secrétaire*.

Royer, trésorier de l'Union Fédérale des Syndicats Agricoles de la Haute-Vienne, *trésorier*.

SOCIÉTÉS ADHÉRENTES

Société des Agriculteurs de France.
Office agricole régional de l'Est.
Office agricole de la Haute-Saône.
Office agricole de la Meurthe-et-Moselle.
Office agricole de Tarn-et-Garonne.
Office agricole de la Loire.
Fédération agricole du Nord de la France.
Caisse régionale du Crédit agricole mutuel du département de l'Ain.
Comice agricole de l'arrondissement de Gannat.
Syndicat agricole des arrondissements de Chartres, Châteaudun et Nogent-le-Rotrou.
Syndicat des Exportateurs de pommes de terre de Marseille.
Syndicat des Exportateurs de pommes de terre de Bordeaux.
Syndicat agricole de Bessines-sur-Gartempe (Haute-Vienne).
Syndicat agricole de Bergerac.
Syndicat des producteurs de semences de pommes de terre de la région de Pontivy.
Société Coopérative « La Solidarité Trécorroise » à Tréguier.
Société Centrale d'Agriculture de l'Aveyron.
Société d'Encouragement à l'Agriculture du Département du Gers.
Union Girondine des Syndicats agricoles à Bordeaux.
Union des Syndicats agricoles du Finistère.
Chambre Syndicale de l'Industrie et du Commerce de la Fécule en France.

MEMBRES

MM.

ACHARD, rédacteur en chef de la « *Terre d'Auvergne* », à Clermont-Ferrand (Puy-de-Dôme).
AFFAYROUX, vice-président de la Société d'Encouragement à l'Agriculture du Lot-et-Garonne.
ALIBERT, 3, boulevard Gambetta 3, à Limoges.
ALINDIÈRE, à Limoges.
AUCLAIR, à Périgueux.
AUJOL, président du Syndicat agricole de Brive.
AJAIS, à Saint-Pons (Hérault).
BALLET J., à Saint-Sulpice-Laurière (Haute-Vienne).

Beausacy (de), 31, rue Fortuny à Paris.
Berthelot F., 3, villa Grenelle à Paris.
Berthier, 180, rue de Paris à Vanves (Seine).
Beyaert-Mecquinion, à Bergues (Nord).
Bidet L., professeur d'agriculture à Montluçon.
Blanc, à Lubersac (Corrèze).
Blanchier, aux Pennes par Vitrou (Charente).
Blomac (Baron de), Salon-la Tour (Corrèze).
Boisson, 15, rue Haute-Vienne à Limoges (Haute-Vienne).
Bonhomme M., président de L'Union Fédérale des Syndicats et Associations
    professionnelles agricoles de la Haute-Vienne.
Bourbon A., à Arnac, Pompadour (Corrèze).
Bourrinet, à Piégut (Dordogne).
Branchamp, 1, rue d'Isly à Limoges.
Brancher, secrétaire général de la Société Nationale d'agriculture.
Buffière, président du Syndicat agricole d'Objat (Corrèze).
Brunetaud, à Laurière (Haute-Vienne).
Butaud J., à Châteauneuf-la-Forêt (Haute-Vienne).
Champarnaud, régisseur à Piégut (Dordogne).
Chapelier G., à Chatenet par Saint-Etienne de Fursac (Creuse).
Chazette J., La Brionne (Creuse).
Chazette M., à Lussat (Creuse).
Corentin Tosset, à Brennilis (Finistère).
Couteau B., à Laurière (Haute-Vienne).
Defaye, à Aixe-sur-Vienne (Haute-Vienne).
Demartvalin G., à Arthent par Aixe-sur-Vienne (Haute-Vienne).
Deschamps H.,
Deslandes E., à Chabanne par Saint-Pierre de Fursac (Creuse).
Diolet, 7, avenue Berthelot à Limoges.
Directeur de l'Ecole d'agriculture de Neuvic (Corrèze).
Directeur des Services agricoles du Loir-et-Cher à Blois.
Dousset R., 11, rue Guynemer à Auch (Gers).
Doussinaud, à Folles (Haute-Vienne).
Degrenas, trésorier du Syndicat agricole de Thouron (Haute-Vienne).
Dupard, à Laurière (Haute-Vienne).
Dupuy, à Lubersac (Corrèze).
Dutrin, à Saint-Just (Haute-Vienne).
Ecole Normale de Garçons à Limoges (79 élèves).
Kuhlmann (Etablissements), à Brive (Corrèze).
Faucher, Chemin du Petit Point à Limoges.
Faye A., Rédacteur au *Petit Journal*, rue d'Enghien à Paris.
Fleckinger, directeur des Services agricoles de la Corrèze.
Florimond Desprez, à Cappelle (Nord).
Fouillard P., au Pie de Beynac (Haute-Vienne).
Frejaville, président du Syndicat agricole du Lot à Cahors (Lot).
Garais, à Bugeat (Corrèze).

GARNIER P. rédacteur en Chef de l'Agriculture du Centre à Blois (Loir-et-Cher).

GAULT, directeur commercial des Etablissements Tourneur Frères à Coulommiers (Seine-et-Marne).

GILLET, 20, place d'Armes à Limoges.

GIRAUD, à Laprade par Saint-Etienne de Fursac (Creuse).

GOSSE L. à Madranges (Corrèze).

GRILHIN à Magnac-Laval (Haute-Vienne).

GUIGNOT, 13, rue Georges Teissier à Saint-Etienne (Loire).

GUILLARD, à Folles (Haute-Vienne).

GUITARD, à Limoges (Haute-Vienne).

HILAIRE, à Affieux (Corrèze).

HOUDALLIER,

HURAULT, agriculteur à Prasville (Eure-et-Loire).

JEANJEAN, ingénieur agronome, Directeur Commercial de la Société des Potasses d'Alsace à Mulhouse (Haut-Rhin).

JOURNAL *Le Fermier*, faubourg Montmartre à Paris.

JOURNAL, la *Journée Industrielle*, 7, rue Geoffroy-Marie, Paris.

JOUSLAIN P., président de la Chambre Syndicale de la Fécule en France, 67, rue Rochechouart à Paris.

LABORDERIE (de), château de Faye par Flavignac (Haute-Vienne).

LACHAUD, secrétaire général de la Société d'Encouragement à l'agriculture de la Dordogne.

LAPLAUD, à Limoges.

LAURENT P., à Limoges.

LE BIHAN, administrateur de l'Union des Syndicats agricoles du Finistère à Landerneau (Finistère).

LEFORT, à Saint-Maurice (Creuse).

LE MONNIER, secrétaire général du Carburant National.

LESGUILLONS, à la Féculerie par Rémy (Oise).

LESTANG, professeur d'agriculture à Bergerac (Dordogne).

LÉVÈQUE, à Châteauneuf-la-Forêt (Haute-Vienne).

LOISEAU, 33, rue Violet à Paris.

LOUISGUIGNARD,

LISANDRE, à Limoges.

MAQUILLE (Vicomte de), 53 bis, rue Jouffroy à Paris.

MARRE, directeur des Services agricoles de l'Aveyron.

MARSAULT, vice-président du Syndicat agricole de Bugeat (Corrèze).

MARTEL, à Annappes (Nord).

MARTIN, féculier à Amplepuis (Rhône).

MAURS, à Bessines (Haute-Vienne).

MAZY, trésorier de la Société d'Encouragement à l'agriculture de la Dordogne.

MORIN-LECLAINCHE, à Pontivy (Morbihan).

MORGAT L., à Saint-Cyr (Haute-Vienne).

NANGEARD, à Saint-Germain-les-Belles (Haute-Vienne).

Nigay, président du Syndicat de la Féculerie du Centre de la France à Penos (Loire).

Pailles, négociant.

Panthon, féculier à Ressons-sur-Matz (Oise).

Papaur, à Folles (Haute-Vienne).

Paris, contrôleur des Services commerciaux à la Compagnie P. L. M..

Parry L.,

Passeret, à Laurière (Haute-Vienne).

Pernez, féculier à Baudoncourt (Haute-Savoie)

Peyramaure, 3, place du Poids-Public à Limoges.

Peyrot E., à Belleville par Saint-Etienne de Fursac (Creuse).

Planchon, directeur du Syndicat agricole de Bessines-sur-Gartempé (Haute-Vienne).

Prevosteau, féculier à Sours (Eure-et-Loir).

Reix, à la Jonchère (Haute-Vienne).

Ridel, ingénieur-agronome à Gléguérec (Morbihan).

Roche, à Ussel (Corrèze).

Rolland, ingénieur, 23, rue Béteille à Rodez.

Royer, à Compreignac (Haute-Vienne).

Salome, à Douai (Nord).

Santouneville, 17, rue Michelet à Périgueux.

Sardin, à Saint-Vincent (Charente).

Sigault J., ingénieur-agronome à Saint-Léonard (Haute-Vienne).

Soula, professeur d'agriculture à l'Ecole de Neuvic (Haute-Vienne).

Soulie directeur commercial de la Maison Nicolas à Agen (Lot-et-Garonne).

Tarabaud, à Limoges.

Tisseuil (Vicomte de), à Blauzac-Bellac (Haute-Vienne).

Troubat, 27, boulevard Louis Le Blanc à Limoges.

Verlot J. B., correspondant à Londres des Chemins de fer d'Orléans et du Midi.

Vilmorin (de), 4, quai de la Mégisserie à Paris.

Vigneras, directeur de l'Ecole Normale de garçons à Limoges.

Van de Casteele, à Chateigner par Bellac (Haute-Vienne).

Vandenbroucke, La Motte à Guise (Aisne).

Winberg, à Fourchat Aiguefonde (Tarn).

MÉMOIRES ET COMPTES-RENDUS

Le « Premier Congrès National de la Pomme de terre » s'est tenu à Limoges le 6 juin 1924 à l'issue de la « Grande Semaine Limousine » sous le patronage de M. le Ministre de l'Agriculture et la Présidence d'honneur de M. FAURE, Sénateur de la Corrèze, Président d'Honneur de la Fédération des Associations agricoles du Centre-Sud.

Le Congrès comprenait deux séances qui furent présidées respectivement par MM. DELPEYROU, Président de l'Office agricole de la Haute-Vienne, et DETHAN, Président de la Fédération départementale des Associations agricoles de la Dordogne.

Au Bureau avaient pris place :

MM. le Préfet de la Haute-Vienne ; CONVERGNE, Inspecteur Général de l'Agriculture ; POHER, Ingénieur des Services Commerciaux de la Compagnie d'Orléans ; DESSALLES, Directeur des Services agricoles de la Haute-Vienne ; Max BONHOMME, Président de l'Union Fédérale des Syndicats et Associations professionnelles agricoles de la Haute-Vienne ; FREJAVILLE, Président de la Fédération des Associations agricoles du Lot et du Quercy ; DUBUJADOUX, Président de la Fédération des Syndicats agricoles de la Creuse.

Allocution de M. le Préfet de la Haute-Vienne.

MESSIEURS,

Le Congrès qui s'ouvre aujourd'hui me permet de saluer, à la fois des idées et des hommes. Les meilleurs principes sont stériles, s'ils ne trouvent, pour les incorporer dans la réalité vivante, de souples intelligences et de fermes volontés. C'est à celles-ci que je m'adresserai d'abord.

Pour organiser ces « Etats Généraux » de l'agriculture du Centre-Sud, de vastes groupements ont mis en œuvre, sans les épuiser, leurs réserves d'énergie : au premier rang, l'Union Fédérale des Associations agricoles de la Haute-Vienne, présidée avec une si juvénile distinction par M. Bonhomme, l'Office agricole de notre département dont M. Delpeyrou dirige l'action avec tant de dévouement. La Compagnie des Chemins de fer de Paris à Orléans a voulu affirmer par une participation efficace à l'entreprise, le grand rôle dévolu aux transports dans l'agriculture moderne. Nous devons à son représentant, M. Poher, Ingénieur des Services

Commerciaux, l'initiative d'une journée qui comptera parmi les plus intéressantes de la Grande Semaine — celle de la « Pomme de terre ». Une large part lui revient de nos félicitations et de notre gratitude.

J'ai aussi la joie de pouvoir souhaiter la bienvenue aux dirigeants des Unions départementales qui constituent la Fédération du Centre-Sud ; à M. Faure, Sénateur de la Corrèze, qui fut le créateur du grand organisme régional et en qui je suis heureux de saluer un apôtre du syndicalisme agricole ; à M. Dethan, Président des Associations agricoles de la Dordogne, dont l'autorité et la compétence se sont affirmées avec éclat l'année dernière à la présidence du congrès de Périgueux ; à M. Frejaville qui nous apporte l'enthousiasme et les espoirs de la jeune organisation du Lot, et je ne saurais oublier M. Dubujadoux, Président de la Fédération Creusoise.

Je salue enfin la présence des agronomes éminents qui ont bien voulu appliquer leur science à l'étude des questions inscrites à l'ordre du jour du Congrès et les rapporter devant lui.

Plusieurs sont venus de très loin témoigner l'intérêt qu'ils prennent à ces assises agricoles d'une grande région. J'ai plaisir à citer les noms de MM. Foex, Directeur de la station de pathologie végétale de Paris ; Ducomet, Professeur de Botanique à l'Ecole nationale de Grignon ; Schribaux, Bussard, Fron, Coupan, Lindet et Hitier, Professeurs à l'Institut National agronomique ; Mottet, Chef des Travaux de la Station expérimentale de Verrières ; Sigmann, Directeur de la Compagnie des Transports frigorifiques.

D'autres tiennent de plus près, soit à la capitale du Limousin, comme M. Donzel, ingénieur municipal, Samie, ingénieur agronome et Faure Laurent, arboriculteur à Limoges, soit à nos organismes régionaux, comme les dévoués directeurs des Services agricoles départementaux : MM. Bacon Lafont et Dessalles ; enfin le fervent mutualiste agricole qu'est M. le Sénateur Mazurier, prête au Congrès le secours de sa science juridique pour l'étude de l'assurance mutuelle agricole contre les accidents du travail.

Messieurs, tant de bonne volonté et tant de science mises au service d'une même cause attestent sa noblesse et son utilité. Votre Congrès se propose d'apporter une contribution efficace à l'œuvre encore si loin de son terme, du relèvement national. Ses initiateurs savent ce que notre état économique est en droit d'attendre des produits de la terre. L'industrie française cruellement atteinte dans ses sources vives, a besoin pour retrouver sa prospérité d'avant guerre d'un délai soumis à tout l'imprévu des négociations internationales. La terre, au contraire, enferme en elle des ressources vitales d'une immédiate bienfaisance.

Elle réclame, comme jadis le sol de l'Italie après les dévastations des guerres civiles, de nouvelles « Géorgiques » assez émouvantes pour appeler à elle les volontés et les cœurs. Mais vous entendez aussi, comme l'auteur des « Géorgiques », appuyer votre loi sur les données de la science.

Nous touchons là au plus appréciable bienfait que l'agriculture régionale devra à votre Congrès. Déjà ces organisations professionnelles ont donné au mouvement agricole, chacune dans leur domaine et leur zone d'influence, une vigoureuse impulsion. Il est nécessaire qu'une liaison s'établisse entre les groupements pour opérer cet échange fécond des idées qui procure à tous le bénéfice des efforts individuels. Ce sera l'œuvre du Congrès. Il va fixer les données scientifiques encore imparfaitement assises chez certains ; centraliser et diffuser des enseignements qui n'ont pénétré encore que dans des milieux limités. Par leur retentissement, vos discussions conduiront aux plus heureuses applications pratiques ceux qui sauront s'en inspirer.

Ai-je besoin de rappeler enfin ce qu'ont fait dans l'ordre financier les organisations groupées dans la Fédération du Centre Sud.

Connaître les procédés modernes de la production agricole ne suffit pas, il faut en faciliter l'emploi à ceux qui ne disposent pas des capitaux nécessaires.

Si les progrès de l'agronomie ont accru le rendement de la culture, ils lui imposent des tâches plus lourdes. Tout naturellement l'agriculteur s'est arraché à l'individualisme pour demander leur concours, aux œuvres de solidarité. La coopération vous a fait assister, dans ce domaine comme dans bien d'autres, à des réalisations admirables. Il serait déplacé d'insister longuement devant vous sur les bienfaits des syndicats et des coopératives agricoles. Combien de petits propriétaires leur doivent d'avoir pu user des machines et des engrais qui leur seraient demeurés dans d'autres conditions inaccessibles ? Je veux seulement leur rendre hommage et proclamer en même temps l'excellence de ces caisses de crédit agricole, dont les réserves permettent aux coopératives et aux particuliers tant d'entreprises fructueuses et l'utilité des caisses d'assurances mutuelles contre l'incendie, la grêle, la mortalité du bétail, les accidents du travail. De tels organismes apparaissent comme les auxiliaires efficaces et constants du travail de la terre.

Les bienfaits de l'organisation et de la solidarité, c'est à vous, groupements agricoles du Centre Sud, que notre région les doit. Placés au-dessus des partis, vous proposant comme fin, la prospérité de tous, vous avez droit au respect et à la sollicitude des Pouvoirs publics. Je vous donne l'assurance qu'ils ne vous feront pas défaut. Je fais des vœux ardents pour l'avenir de la Fédération du Centre Sud, synthèse brillante de l'activité agricole régionale et pour le succès d'un congrès placé sous la triple garantie du travail, du patriotisme et de la science.

M. le Président. — Messieurs, si vous le voulez bien, nous allons commencer les travaux du Congrès. Je vais céder la Présidence à M. Delpeyrou, Président de l'office agricole de la Haute-Vienne qui a été désigné spécialement pour diriger les travaux de la première séance.

Allocution de M. DELPEYROU

Messieurs,

En organisant avec la collaboration de la Fédération des Associations agricoles du Centre Sud et de l'Office agricole départemental de la Haute-Vienne, ce « Premier Congrès de la pomme de terre », la Compagnie d'Orléans a tenu à donner encore une fois la preuve de l'intérêt qu'elle porte aux agriculteurs, dont elle a à cœur de provoquer et d'encourager les efforts en facilitant sans cesse leurs réunions, en les conviant à de très intéressantes conférences et à de très instructifs voyages d'études.

Elle a droit à toute notre reconnaissance et à nos plus sincères remerciements.

L'Office agricole représenté en la circonstance par le très sympathique et très dévoué Directeur des Services agricoles de la Haute-Vienne : M. Dessalles, n'a pas hésité à lui donner tout son concours, persuadé que les agriculteurs de la région Limousine tireraient un sérieux profit des enseignements qui leur seraient donnés.

C'est que Messieurs, dans la Haute-Vienne, la culture de la pomme de terre occupe une place très importante, qu'elle tend à s'y propager de plus en plus et qu'elle est pour certains de nos cantons une véritable source de richesses.

Malheureusement ici comme ailleurs, nous avons à lutter contre les nombreuses maladies qui dévastent nos champs et diminuent, chaque année, l'importance et la qualité de nos récoltes ; il faut donc par tous les moyens possibles nous efforcer de les enrayer et de les faire disparaître.

Notre Office a pour cela jugé indispensable de créer sur divers points du département là où il a trouvé des agriculteurs de bonne volonté, des « Centres de sélection » et les résultats encourageants obtenus jusqu'ici nous donnent l'espoir de voir bientôt nos sélectionneurs fournir dans la région des semences saines et de belle qualité.

Mais il faut faire davantage sur un terrain aussi bien préparé et c'est ce que vous avez compris, Messieurs les Conférenciers, qui êtes venus nous donner vos précieux avis.

Vous êtes des spécialistes de la pomme de terre ; vous savez beaucoup et vous avez le don de convaincre ; nous attendons de vous des leçons qui nous seront profitables et votre passage parmi nous marquera, j'en suis sûr, un nouveau pas en avant dans la lutte entreprise contre le fléau qui nous inquiète et nous préoccupe pour l'avenir, de même que vous nous indiquerez la façon de tirer le parti le plus avantageux de nos produits.

Soyez donc remerciés sincèrement, agronomes distingués, savants éminents, praticiens de mérite que nous allons entendre et qui allez faire de ce Congrès une importante manifestation agricole.

Il suffit de parcourir la liste de nos Conférenciers pour pouvoir affirmer que la Compagnie d'Orléans et les organisateurs de ce Congrès et parmi eux le Président du Comité, M. Max Bonhomme, ont bien mérité de l'agriculture, car ils nous auront procuré la rare et bonne fortune de voir réunies autant de compétences jointes à autant de dévouement, pour le plus grand bien des agriculteurs limousins et français.

LA PRODUCTION DE LA POMME DE TERRE ET SA SITUATION EN FRANCE

Par M. Henri Hitier,
Professeur à l'Institut National Agronomique.

IMPORTANCE DE LA POMME DE TERRE

Le nombre des espèces végétales qui se prêtent à la grande culture est restreint ; presque toutes celles qui couvrent nos champs sont utilisées depuis des époques tellement reculées qu'on n'en retrouve plus les formes primitives ; il est très rare qu'une plante nouvelle s'introduise dans les cultures, et on peut répéter, avec A. de Humboldt, que depuis les temps historiques, aucune acquisition n'est comparable à celle de la pomme de terre, de cette plante rustique cultivée aujourd'hui dans le monde entier et qui, sur une surface donnée, fournit plus de matière nutritive qu'aucune des autres plantes agricoles.

Depuis le commencement du XIXe siècle, la culture de la pomme de terre n'a cessé de s'étendre. Il devait en être ainsi, fait remarquer justement Dehérain ; la plante est robuste, s'accommode des climats les plus différents et se prête à des emplois variés. Moins chargés de matières azotées, d'albuminoïdes que les grains des céréales, les tubercules de pommes de terre sont très riches en fécule, identique, sauf la grosseur des grains, à l'amidon du blé. Agréable au goût, la pomme de terre entre avec grand avantage dans l'alimentation de l'homme et des animaux ; elle constitue en outre la matière première de deux industries importantes : la féculerie et la fabrication de l'alcool.

Pour l'*alimentation humaine* la pomme de terre joue un tel rôle aujourd'hui que nous comprenons à peine le propos d'Ayoung de la fin du XVIIIe siècle, en parlant des tubercules de cette précieuse plante : « Les 99 centièmes de l'humanité n'y voudraient pas toucher » ; sur toutes les tables la pomme de terre joue un rôle important, parfois prépondérant, et se procurer *la pomme de terre nouvelle* en toutes saisons par des procédés spéciaux de culture ou de conservation est devenu un besoin, aussi est-ce là une des questions portées à l'ordre du jour de ce Congrès, une de celles qui intéresse le plus le commerce intérieur, d'importation, d'exportation et que vous traiterez MM. Schribaux et Bussard.

Pour *l'alimentation des animaux*, la pomme de terre, en ce qui concerne notamment l'alimentation des porcs, occupe une telle place que, en France par exemple, suivant que la récolte de la pomme de terre est plus ou moins abondante, l'élevage du porc se développe ou au contraire se restreint. D'autre part, la pomme de terre est très utilement employée pour l'engraissement des bovidés et vous connaissez tous les expériences tout-à-fait concluantes que fit à ce sujet Aimé Girard ; une question de prix, seule, peut en limiter l'emploi aujourd'hui.

Comme matière première de nombreuses industries, la pomme de terre joue également un rôle des plus importants. M. Nottin, avec la grande compétence qu'il possède, en ce qui touche nos industries agricoles, vous parlera tout à l'heure de la féculerie.

Dans les pays du centre de l'Europe, en Allemagne, en Pologne, en Tchécoslovaquie, l'industrie de l'alcool est alimentée surtout par la pomme de terre. M. Pique vous entretiendra du reste de cette question de l'alcool de pomme de terre.

Ces utilisations si diverses de la pomme de terre expliquent l'importance qu'a prise sa culture dans tous les pays où le climat la permet.

Statistiques. — Les plus récentes statistiques publiées par l' « Institut international d'agriculture de Rome » indiquent une production mondiale moyenne approximative de la pomme de terre en 1923 de 1.400.000 milliers de quintaux obtenus sur environ 11.500 milliers d'hectares.

Les surfaces consacrées à la pomme de terre sont très inégales d'un pays à un autre, la culture est, de beaucoup, plus importante dans l'hémisphère septentrional et en particulier dans l'Europe Centrale et du Nord.

La pomme de terre en effet occupait en 1923 :

2.727 millions d'hectares	en Allemagne,
2.279	—	en Pologne.
1.434	—	en France
637	—	en Tchécoslovaquie.
348	—	en Italie.
160	—	dans les Pays-Bas.
152	—	en Belgique.
208	—	en Grande-Bretagne.
82	—	en Danemark.
1.544	—	aux Etats-Unis.

Mais pour se rendre compte dans ces différents pays de l'importance relative de la culture de la pomme de terre, il est nécessaire de rechercher le pourcentage que cette culture comporte par rapport à l'étendue totale des terres de labour dans ces mêmes pays.

Le tableau ci-après indique l'importance prise en surfaces et rendements par la pomme de terre dans les principaux pays du globe.

PRODUCTION DE LA POMME DE TERRE DANS LES PRINCIPAUX PAYS DU GLOBE.

	Superficie (milliers d'hectares)		Production (milliers de quintaux)	
	1923	1922	1923	1922
Europe				
Allemagne	2.727	2.721	325.805	406.654
Pologne.	2 279	2.189	264.942	332.190
Russie	3.054	3.642	?	227.400
France	1.434	1.464	95.341	126.461
Tchécoslovaquie	637	650	62 243	90.692
Angleterre et Irlande du Nord	308	359	35.334	65.583
Belgique	152	180	28.222	39.314
Espagne	306	347	25 990	29.555
Pays-Bas	160	184	23.518	37.183
Italie	348	349	17.958	14.613
Hongrie.	258	257	17 158	13.197
Suède	159	162	16 393	20.354
Lithuanie	143	132	16.302	18.480
Irlande (Etat libre) . . .	158	162	14 700	22.145
Autriche	151	163	12.896	13.983
Danemark	82	83	12.400	13.403
Roumanie	165	143	?	10.258
Etat S. C. S	213	215	11.604	8 464
Norvège	51	51	7.786	8 899
Esthonie	72	75	6 824	7.177
Suisse	45	45	6.339	6.755
Lettonie	78	69	5.784	6.751
Finlande	68	67	4.300	5.252
Luxembourg	14	15	1 830	1.907
Amérique				
Etats-Unis	1.544	1.743	112.237	123.396
Canada	227	277	25.600	25.285
Argentine	163	146	9.600	9.048
TOTAUX (1)	11.777	12.075	1.161.106	1.446 744
TOTAUX (2)	14.996	15.860	—	1.684.399

(1) Non compris la Russie et la Roumanie.
(2) Y compris la Russie et la Roumanie.

d'où les pourcentages suivants afférents à l'année 1923.

13 %	des terres labourables	en Pologne.
11 %	— —	en Tchécoslovaquie.
1,9 %	— —	en Espagne.
2 %	— —	en Italie.
1 %	— —	aux Etats-Unis.
13 %	— —	en Allemagne.
12 %	— —	en Autriche.
4 %	— —	en Danemark.
12,5 %	— —	en Belgique.
7 %	— —	en France.
14 %	— —	en Irlande.
15 %	— —	en Pays-Bas.

En France, la pomme de terre est cultivée dans tous nos départements, mais il y a des régions qui se distinguent des autres par l'importance que la pomme de terre y a acquise : telles la région de la Bretagne, la région du Massif Central, du Morvan, etc, où l'on trouve précisément des sols de même origine géologique, de granites, granulites, gneiss comme dans la Haute-Vienne qui se classe du reste au premier rang pour la culture de la pomme de terre en France avec tout près de 50.000 hectares que lui consacrent les agriculteurs de ce département.

Quant aux rendements, ils sont très inégaux d'un pays à l'autre, d'une

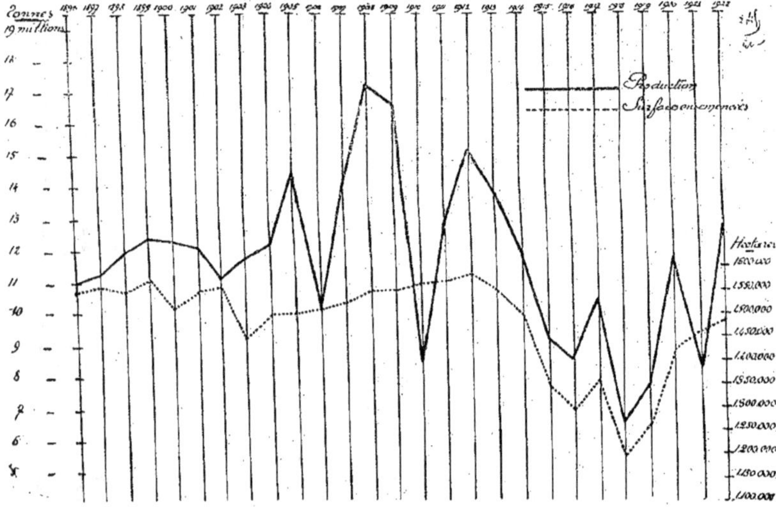

Cliché *P. O.*

Fig. 1. — Superficies ensemencées et production de la pomme de terre en France.

année à l'autre, suivant les conditions météorologiques de la campagne, suivant le but visé par la culture : pomme de terre prime, pomme de terre hâtive, de grosse consommation, industrielle, etc.

Pour nous en tenir toutefois à des moyennes, voici encore les renseignements que nous pouvons tirer des statistiques : sur 1.400 millions quintaux de tubercules qu'on aurait récoltés dans le monde en 1923, l'Allemagne à elle seule avec ses 325 millions de quintaux en aurait fourni 23 %, la Pologne avec ses 264 millions de quintaux 18 %, la France avec ses 99 millions de quintaux 7 %.

Quel est le rendement moyen des différents pays ? J'ai pris ici l'année normale, qui présentait, semble-t-il, une récolte moyenne. Or cette année l'on avait récolté à l'hectare :

244 quintaux en Belgique	150 quintaux en Allemagne
162 — dans les Pays-Bas	117 — en Grande-Bretagne

seulement 96 quintaux en France.

Infériorité de nos rendements. — Ce rendement inférieur en France s'explique par différentes raisons ; cultivant la pomme de terre dans notre pays en toutes régions, il y en a, et de très étendues, où les conditions de sol, de climat surtout, ne sont pas aussi favorables à la végétation continue de la pomme de terre d'avril à octobre, la chaleur et la sécheresse de l'été limitent les possibilités de rendement dans certaines parties du Sud-Ouest et du Sud-Est.

En Belgique, Allemagne, Pologne, dans les Pays-Bas un climat beaucoup plus régulier, quant à l'humidité et à la température pendant les mois d'été, permet par exemple la culture des variétés tardives de pommes de terre toujours à plus grand rendement, et en Allemagne, en Pologne, en Tchécoslovaquie on recherche moins les pommes de terre très fines de qualité, au contraire de plus en plus prisées en France et qui, si elles donnent moins de poids à l'hectare, trouvent des prix de vente plus élevés.

On peut aussi faire remarquer que dans les pays de l'Europe septentrionale se rencontrent des sols sableux, sablo-humifères, pauvres sans doute, mais profonds, faciles à amender, qui conviennent très bien à la pomme de terre.

Il n'en est pas moins vrai que si les rendements moyens de la France oscillent seulement autour de 100 quintaux à l'hectare, cela tient à un manque de soins apportés à la culture de la pomme de terre puisque, dans leurs cultures réparties un peu dans toute la France, les collaborateurs d'Aimé Girard obtenaient de 200 à 300 quintaux suivant les années défavorables (sèches) ou favorables (humidité suffisante) à la pomme de terre.

Pourquoi obtenons-nous des rendements si bas dans l'ensemble de la France ? parce que la terre destinée à la pomme de terre ne reçoit *pas des labours assez profonds* et ne les reçoit pas à temps voulu, parce que la *terre n'est pas suffisamment pourvue de fumier et d'engrais*, parce que la *plantation n'est pas assez régulière*, parce que surtout, les agriculteurs ne *font pas choix de la variété* qui convient à *leur milieu* et parce que dans cette variété les précautions ne sont pas suffisamment prises pour n'adopter que des tubercules de semences doués d'une *grande puissance héréditaire*, sains, exempts de maladies, parce qu'enfin au cours de la végétation de la pomme de terre, les façons destinées à maintenir constamment le terrain frais et exempt de mauvaises herbes ne sont pas observées.

Je ne puis m'étendre sur ces différents points ; du reste des voix beaucoup plus autorisées que la mienne vont les traiter, quelques uns au moins, des plus importants.

Avantages de sa culture. — Nous avons rappelé brièvement, au début, le rôle de la pomme de terre pour l'alimentation humaine et celle du bétail et comme matière première de nombreuses industries ; permettez-moi d'insister devant vous en quelques mots sur le rôle prépondérant que doit jouer la pomme de terre dans l'économie générale de la ferme, pour l'amélioration générale du domaine, les progrès de la culture et, ce, parce que la pomme de terre est une plante sarclée.

Nous venons de souligner, il y a un instant, quelle importance considérable la culture de la pomme de terre avait en Allemagne et en particulier comme matière première de l'une des principales industries agricoles dans ce pays : la distillerie d'alcool.

L'extraction de l'alcool de pommes de terre y date des 70 dernières

Fig. 2. — Sarclage mécanique d'une plantation de pommes de terre.

années ; elle a déterminé pour une bonne part le mode d'exploitation du sol en Allemagne et voici du reste ce qu'en dit un agronome allemand : « L'Est de l'Allemagne a pu, par l'extension des distilleries de pommes de terre, appliquer les perfectionnements dans la culture du sol et l'entretien du bétail, qui sont les résultats du XIXᵉ siècle. »

On peut même dire que la grande extension de la fabrication de l'alcool a moins pour cause l'obtention du produit que les avantages indirects amenés par la culture de la pomme de terre, introduction d'une plante sarclée dans l'assolement, production d'un fourrage d'une grande valeur, amélioration de l'entretien du bétail et augmentation du fumier produit ». (Dʳ Traugott Müller).

Introduction d'une plante sarclée dans l'assolement ; ne retenons que ces mots. Nous savons tous le rôle que joue la plante sarclée dans l'assolement, c'est-à-dire la rotation des cultures. Si l'on fait succéder simplement, les unes aux autres, sur une même terre, dans le même champ, des céréales, du blé, du seigle, de l'avoine, de l'orge, des plantes fourragères comme les trèfles, qu'arrive-t-il ? les terres se salissent, les mauvaises herbes se multiplient, le terrain s'appauvrit ; pour y remédier, il faut avoir recours à la jachère, c'est alors une année sans récolte et une année *coûteuse*, puisque pendant toute la campagne, il faut travailler la terre laissée en jachère, la labourer, l'extirper, la herser, etc. Durant cette année de jachère on fumera la même terre, mais si la dose de fumier est un peu forte, on risque de faire verser la céréale que l'on va semer directement sur le fumier, et ce fumier apportera presque toujours une foule de mauvaises graines qui vont germer et pousser dans le champ de céréales.

Au contraire vous employez une plante sarclée dans l'assolement, par exemple, pomme de terre, avoine, trèfle, blé, etc. qu'arrive t-il ?

Pour la plante sarclée vous labourez profondément, vous défoncez même le terrain et cela avant l'hiver, de même vous fumez, et, à aussi haute dose que vous le voulez, que vous le pouvez, la pomme de terre ne versera pas ; y a-t-il des mauvaises graines qui germent, apportées par le fumier ou que renfermait déjà la terre ? les façons données au printemps au moment de la plantation de la pomme de terre, les façons données au cours de la végétation : binages, sarclages, buttages les détruisent, de sorte que les céréales qui viennent à la suite de la culture de la pomme de terre, plante sarclée, trouvent un sol propre, bien ameubli, encore pourvu d'éléments fertilisants ; elles viennent ainsi dans les meilleures conditions.

J'ai entendu un des meilleurs et des plus habiles praticiens de la Brie, cette région d'admirable culture des environs de Paris, me dire un jour en me parlant des betteraves : « Tant que la culture de la betterave ne me coûtera pas, je continuerai à en faire le plus possible sur mes terres, tant sont grands les avantages que présente cette culture sarclée pour l'ensemble de ma ferme. »

Ce qu'il disait si justement de la betterave plante sarclée, s'applique à la pomme de terre plante sarclée.

Son importance en Limousin. — Ce Congrès de la pomme de terre si heureusement organisé par la Compagnie d'Orléans que nous trouvons avec son très distingué chef du Service agricole, M. Poher, toujours à la tête d'initiatives du plus haut intérêt pour l'agriculture et le pays, a lieu précisément dans une région où la pomme de terre comme plante sarclée doit occuper une place tout à fait prépondérante.

Les sols qui composent le pays si pittoresque et si riche maintenant du Limousin sont, nous venons de le dire déjà, d'une origine géologique très ancienne. Ici dominent granites, granulites, gneiss, etc., les terres qui en proviennent ne conviennent, dans leur ensemble, que médiocrement à la betterave surtout à la betterave industrielle, par contre ce sont des sols souvent sableux qui conviennent très bien à la pomme de terre. Parcourez en France les régions de même origine géologique, le Massif Central, le Morvan, les Vosges, la Bretagne, vous ne pourrez pas ne pas être surpris de la belle végétation qu'y présentent, dans leur ensemble, les champs de pomme de terre, surtout si on les compare aux champs de pommes de terre d'autres régions.

BUT DU CONGRÈS

Mais pour que la pomme de terre nous offre tous les avantages qu'elle doit procurer, et que je viens brièvement de vous rappeler, il est nécessaire que sa culture soit bien faite, qu'elle réalise le maximum de produits que l'on est en droit d'en obtenir et qu'elle donne de la qualité voulue. Il faut aussi que les tubercules soit utilisés dans les meilleures conditions, que les procédés de conservation, de vente soient l'objet de soins non moins grands de façon que la pomme de terre procure à l'agriculteur, c'est-à-dire au producteur, puis à l'industriel, et au consommateur en général, le maximum des avantages que chacun d'eux peut en attendre.

C'est là le but même de ce congrès, c'est ce que vous allez étudier à Limoges aujourd'hui même ; c'est ce que vont vous indiquer les éminents rapporteurs que vous avez hâte d'écouter.

M. Mottet va, en effet, vous expliquer comment de grandes améliorations pourraient être apportées à la culture de la pomme de terre, par le choix des meilleures variétés, M. Ducomet vous dira comment dans ces variétés doit s'effectuer la sélection.

Mais à quoi serviraient tous les efforts faits, si la pomme de terre devait être la proie de nombreuses maladies ? C'est certainement aujourd'hui le point capital que cette lutte contre les maladies et insectes de la pomme de terre. MM. Foex, Fron, Feytaud et Bacon se sont partagé la tâche de vous en entretenir.

Le produit obtenu, il faut l'utiliser au mieux des intérêts de tous : la vente de la pomme de terre demande à être organisée, nous avons des régions qui manquent de pommes de terre, nous avons des régions qui en ont en grande quantité. Quelle doit être, quelle peut être l'organisation de la vente ? c'est ce que vont vous dire MM. Poher et Sevenster, puis MM. Sigmann, Dessalles, Lafont, Lindet, Barbet, Nottin et Pique vous montreront comment on peut conserver la pomme de terre, et enfin comment l'utiliser dans l'industrie.

Convaincus des avantages de la culture de la pomme de terre, vous, agriculteurs, aux prises avec les difficultés journalières du métier, je vous entends dire : développer la culture de la pomme de terre, c'est fort bien, mais où trouverons-nous la main-d'œuvre pour trier, planter, biner, arracher cette plante ! Les organisateurs du Congrès ont prévu l'objection, c'est pourquoi ils ont confié à M. Coupan, le soin de nous expliquer et de nous montrer le rôle des appareils mécaniques dans la culture de la pomme de terre.

Messieurs, un dernier mot : Quels sont les résultats pratiques que va donner ce Congrès ? Il en aura certainement un qui, s'il ne se mesure pas immédiatement par des chiffres de plus-value, n'en sera pas moins considérable pour l'avenir de notre agriculture. Comme la culture de la pomme de terre elle-même, dont il fait l'objet, il aura un *rôle d'éducateur*. Il va nous faire, en effet, toucher du doigt ce que des méthodes scientifiques et raisonnées appuyées sur une judicieuse expérience sont capables d'entraîner de progrès dans une culture ; par l'emploi judicieux des engrais, les bonnes pratiques culturales, la sélection, la lutte contre les maladies et insectes, l'emploi des machines, etc. ; et c'est ainsi que nous comprendrons comment ces mêmes méthodes doivent s'appliquer à toutes les cultures, pour le plus grand profit, répétons-le encore une fois, des producteurs, des consommateurs, du pays tout entier.

LE COMMERCE FRANÇAIS
DE LA POMME DE TERRE.
IMPORTATIONS, EXPORTATIONS

Par M. Poher,
Conseiller du Commerce Extérieur de la France.

Généralités. — Les superficies consacrées à la culture de la pomme de terre dans notre pays depuis une cinquantaine d'années ont peu varié : en 1892, elles s'étendaient sur 1.475.000 hectares ; en 1922, sur 1.463.000 hectares. Il y aurait plutôt, compte tenu du retour de l'Alsace et de la Lorraine à la France, une certaine diminution attribuable aux difficultés rencontrées par l'Agriculture durant les hostilités et à une recrudescence des maladies atteignant le précieux tubercule.

Les récoltes sont assez variables du fait des conditions climatériques et des soins donnés à la culture. En 1892, le rendement moyen par hectare atteignait 105 quintaux ; en 1922, ce rendement passait à 86 quintaux 35.

C'est dire l'effort persévérant qui doit être entrepris par notre agriculture en vue de développer la culture de cette plante si intéressante aux points de vue alimentaire et industriel. Le tableau ci-après donne pour ces dix dernières années les caractéristiques de la culture de la pomme de terre dans notre pays.

PRODUCTION ET VALEUR DES POMMES DE TERRE FRANÇAISES (1912-1922).

ANNÉES	Surfaces	Production totale	Production moyenne à l'ha.	Valeur moyenne à l'ha.	Valeur totale.
	Hectare	Quintaux	Quintaux	Francs	Francs
1912.	1.563.530	150.251.530	96.09	7.25	1129.534.090
1913.	1.548.070	135.859.652	87.76	8.30	1085.769.380
1914.	1.487.642	119.927.130	80.60	9.05	1038.448.690
1915.	1.344.600	93.990.150	69.90	11.04	1324.068.040
1916.	1.280.220	87.811.100	68.59	15.07	2158.865.730
1917.	1.370.120	104.140.640	76.00	20.73	2471.655.260
1918.	1.189.790	65.197.220	54.79	37.94	2990.435.885
1919.	1.256.110	77.305.620	61.54	38.68	3166.990.000
1920.	1.440.860	116.377.650	80.77	27.11	3458.303.880
1921.	1.454.870	83.096.550	57.11	41.62	2880.551.760
1922.	1.464.390	126.461.220	86.35	22.77	

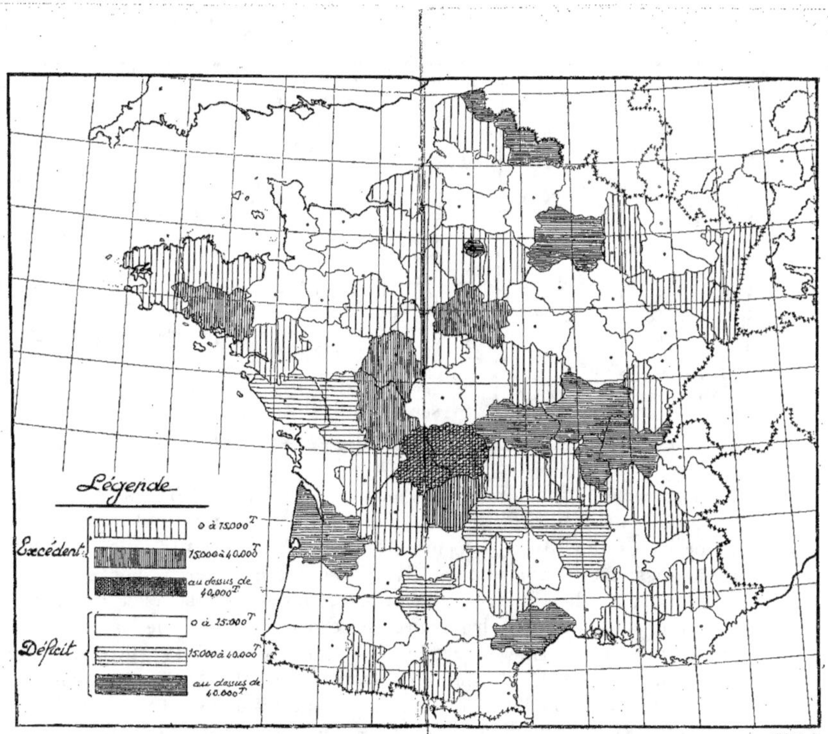

Fig. 3. — Carte des excédents et déficits moyens (rapportés à la population) de la production de la pomme de terre par départements.

Cliché P. O.

On cultive plus ou moins la pomme de terre dans les différentes régions de la France. Il n'y a pas à distinguer entre la montagne et la plaine, ni entre les terrains de formation ancienne ou récente.

Les départements qui ont eu les plus fortes productions d'après la statistique agricole de 1922 sont les suivants :

DÉPARTEMENTS	Surfaces	Production	Production moyenne par hectare	Valeur totale
	Hectares	Quintaux	Quintaux	Francs
Haute-Vienne . . .	45.640	3.194 800	70.000	57.506 400
Dordogne	44.240	442,400	10.000	16 811.200
Saône-et-Loire . . .	43.200	5.184.000	120.000	103 680.000
Côtes-du-Nord . . .	40.400	4 444.000	110.000	106.656.000
Puy-de-Dôme. . . .	36.230	4.709.900	130.000	84.778.200
Allier	32.660	2 678.120	82.000	69.631.120
Loire-Inférieure . . .	31.510	3.087 980	98.000	64 759 600
Creuse.	30.880	2.470 400	80.206	98.816.000
Aveyron	29.520	590 400	20.000	14 760.000
Sarthe	28 500	2.280.000	120 000	103.680.000
Ille-et-Vilaine . . .	28.460	2.959.840	104 000	69.556.240
Charente	28 970	724 250	25 000	18.106.250
Finistère	27.950	4.472.000	160.000	80.496.000
Vienne.	27.600	828.000	30 000	24.840.000
Tarn	26.000	1.300.000	50.000	52 000 000
Loire	25.300	1.771.000	70.000	44 275 000
Corrèze	24.800	3.472 000	140.000	121.520.000

Les rendements ainsi qu'on peut le voir sont différents ; en général ils sont plus élevés dans la région du Nord où les terres sont plus riches et les procédés de culture plus perfectionnés que dans le Midi, ils sont différents aussi avec les variétés cultivées et le but commercial poursuivi.

Les débouchés offerts à la pomme de terre sont en effet nombreux ; c'est une plante alimentaire de premier ordre qui donne lieu à des trafics importants sous forme de produits de primeur et de grosse consommation, à des périodes différentes de l'année et entre les divers points du territoire, ainsi qu'à l'importation et à l'exportation ; c'est une plante fourragère, aliment principal pour l'élevage du porc notamment dans nos régions du Centre et du Sud-Ouest ; c'est une plante industrielle, base de la fabrication de la fécule, surtout dans l'Est de la France.

Nous allons examiner rapidement les conditions économiques de cette culture dans les différentes régions du Pays.

Région du Nord. — Cette région produit surtout pour sa consommation, notamment pour les besoins des cités ouvrières et populeuses comme Lille, Douai, Valenciennes, etc... Une partie de la production est destinée cependant à la féculerie ; mais cette dernière est restée d'importance secondaire, localisée dans quelques communes.

La région du Nord est exportatrice de tubercules de semences (1)
et importatrice de produits de primeur et de grosse consommation.

Les départements les plus producteurs sont : Nord, Pas-de Calais,
Seine-et-Oise, Seine-Inférieure et Aisne.

Les variétés le plus cultivées pour la consommation humaine sont
la Saucisse, l'Early rose, la Quarantaine, pour le bétail la Magnum Bonum,
l'Institut de Beauvais, la Riche terre Impérator, la Géante Bleue ; la pomme
de terre hâtive est surtout produite dans l'Aisne (arrondissement de Cha-
teau-Thierry) ; la pomme de terre de féculerie dans l'Oise, et la Seine-et-
Oise avec les variétés Riche terre Impérator, Maerker, et Géante bleue.

Région du Nord-Ouest. — C'est une région de moyenne production,
sauf pour le Finistère, les Côtes-du-Nord, l'Ille-et-Vilaine, la Sarthe et la
Mayenne, d'où il se fait une exportation appréciable, soit de pommes de
terre de primeur, notamment pour l'Angleterre, soit des expéditions, surtout de la Sarthe de pommes de terre de grosse consommation. L'industrie féculière est inexistante.

Les pommes de terre primeur dans le *Calvados* sont produites sur le
littoral de la Manche dans l'arrondissement de Caen où elles se vendent.

Dans la *Manche*, elle est cultivée, plus particulièrement le long du
littoral dans les arrondissements de Cherbourg et de Valogne. Les cultivateurs de la Manche approvisionnent surtout le marché anglais en variétés
précoces ; ils expédient aussi sur les marchés du Havre, Rouen, Honfleur,
Chartres, etc..... Les variétés tardives restent dans le pays qui est lui-
même importateur.

Dans l'*Ille-et-Vilaine*, les pommes de terre de primeur sont cultivées
dans le nord de l'Arrondissement de Saint-Malo qui alimente en pommes
de terres hâtives un commerce d'exportation sur l'Angleterre, très important.

La production totale atteint environ 50.000 T. et dépasse parfois 60 à
70.000 T.

On peut se rendre compte d'ailleurs de l'importance de ce commerce
par l'animation qui règne de mai à juillet, à Saint-Malo sur la place de
Rocabey, où de nombreuses charrettes amènent chaque jour la marchandise à destination de Southampton, Hull ou Liverpool.

Le commerce le plus actif se fait dans les *Côtes-du-Nord*, dans les
régions de Païmpol, Tréguier, Perros. La plus grande partie des exportations se fait par mer sur l'Angleterre, par les ports de Lannion, Pont-Rieux
Port-Nieu, Légué, Dahouet, et par Saint-Malo, soit directement, soit sur
les îles normandes avec réexpédition sur l'Angleterre. Une petite partie
est envoyée sur Paris et les villes de l'Ouest. On estime à plus de 25.000 T.
cette exportation de pommes de terre « primes » par les ports des Côtes-
du-Nord.

Le *Finistère* produit des pommes de terre de primeur à Roscoff et à

<hr>

(1) Hazebrouck, Vieux-Berquin, Strazelle, fournissent principalement l'Algérie.

Saint-Pol-de-Léon, destinées à l'Angleterre et quelque peu à Paris. Ce département cultive en outre des pommes de terre de grosse consommation dont une partie est vendue comme plants et est exportée.

Une autre partie s'expédie en Angleterre par le port de Loctudy à destination de la région de Cardiff.

Le *Morbihan* produit peu de pommes de terre « primes » sauf dans la presqu'île de Quiberon. Il exporte des tubercules de semences, mais il suffit à peine à sa consommation.

La *Sarthe et la Mayenne*, mais surtout le premier de ces départements sont exportateurs de pommes de terre de grosse consommation et de plants.

Dans les bonnes années il s'expédie d'importantes quantités de ce tubercule sur Paris, le Midi et l'Angleterre, des arrondissements du Mans et de la Flèche.

Région du Nord-Est. — Dans cette région la pomme de terre de grosse consommation et industrielle dominent; on cite cependant quelques productions de primeurs, dans la Marne, aux environs de Reims et près de Troyes dans l'Aube. La plupart de ces départements produisent à peine pour leur consommation ; ils sont importateurs en raison des besoins particuliers de l'armée.

La culture de la pomme de terre de féculerie s'est beaucoup développée dans le Massif vosgien où elle entretient une industrie importante, digne d'être signalée.

On compte dans les Vosges environ 75 féculeries, travaillant annuellement près d'un million de quintaux de pommes de terre.

Région de l'Ouest. — La culture de la pomme de terre dans cette région est d'importance moyenne. Les départements le plus producteurs sont le Maine-et-Loire, la Loire-Inférieure, l'Indre-et Loire, la Charente-Inférieure, la Charente et la Vienne.

La production dominante est la pomme de terre de grosse consommation, ainsi que la pomme de terre fourragère destinée à l'alimentation des porcs et à l'engraissement des bovidés. Ce tubercule ne donne pas lieu à un commerce important, par contre, il existe dans la *Vienne*, dans la région de Lencloitre et en Vendée à Noirmoutiers, une production de pommes de terre de primeur trouvant facilement des débouchés.

La *Charente-Inférieure* et la *Vendée* approvisionnent en partie Bordeaux.

Région du Centre. — Les principaux départements producteurs de cette région sont le Loiret, l'Indre, la Haute-Vienne, la Creuse, le Puy-de-Dôme, l'Allier, l'Yonne et le Cher.

Dans le *Loiret* la région de Puiseaux exporte en grand sur Paris et le Nord la pomme de terre de consommation, tandis que celle pour la semence s'expédie sur le Midi et l'Algérie ; la pomme de terre de féculerie est produite dans la région de Jargeau.

Dans le *Loir-et-Cher*, les superficies affectées à cette culture sont surtout grandes en Sologne, dans les parties sableuses des vallées. La plus grande partie de la récolte est utilisée sur place, et sert à la nourriture de la population et à l'alimentation des porcs. Une certaine quantité est dirigée sur Paris et sur Londres.

Dans la *Haute-Vienne* les pommes de terre donnent lieu à des transactions commerciales très importantes et ce commerce augmente considérablement depuis quelques années. Le sol et le climat sont favorables à cette culture.

Ce sont surtout les cantons de Laurière, Bessines et Chateau-Ponsac qui expédient, notamment sur Paris, Limoges, Bordeaux et le Midi.

La pomme de terre donne lieu également à un grand commerce dans la *Creuse* avec comme centres d'expéditions principaux Aubusson et Cressat.

Les expéditions ont atteint 48.000 T. en 1921 avec comme principales destinations le Midi, les Pyrénées-Orientales, l'Aude, la Haute-Garonne, l'Hérault, le Vaucluse et les Bouches-du-Rhône.

Les pommes de terre produites sont des variétés de grosse consommation : Institut de Beauvais, Saucisse rouge et diverses. Les variétés fines de tables sont peu répandues.

Dans le *Puy-de-Dôme*, on cultive surtout dans la plaine l'Early rose, la Hollande, la Saucisse, l'Institut de Beauvais ; dans la montagne, l'Impétor, la Géante bleue, la Chardon jaune.

Les pommes de terre de plaine s'exportent sur Paris, les villes du Midi, l'Angleterre ; une partie est vendue comme pommes de terre de semences.

Dans la région montagneuse, la production est consommée pour une bonne part par l'homme et les animaux. Des féculeries sont établies dans la région d'Ambert absorbant les excédents de production.

Les exportations de pommes de terre de la *Corrèze* se font surtout sur le Midi et le Sud-Ouest dans les mêmes conditions que pour les autres départements du Centre. Une bonne part de la production est employée à l'engraissement des porcs.

Dans *l'Allier* l'engraissement du porc domine, sauf dans les environs de Gannat où une partie des pommes de terre est cultivée en vue de son écoulement comme semences surtout dans le Midi.

Région de l'Est. — Les départements grands producteurs sont la Saône-et-Loire, la Loire, l'Ain, la Haute-Saône et la Côte d'Or.

En *Haute-Saône*, dans les régions de la Saône, de Lure et de Luxeuil on cultive la pomme de terre de grosse consommation pour la population et pour le bétail, l'excédent est vendu aux féculeries nombreuses dans le pays. Il s'en expédie une certaine quantité pour les besoins des régions voisines.

La production des pommes de terre dans le *Doubs* suffit en général à couvrir les achats de la consommation locale ; il s'en exporte dans les années de grande production, notamment des hauts plateaux et des régions montagneuses voisines. La situation est la même dans le *Jura*, dont la production est un peu supérieure aux besoins locaux.

Dans la *Côte-d'Or* outre la pomme de terre de grosse consommation destinée à l'alimentation locale, il est produit des variétés de primeur surtout à Auxonne en vue de l'expédition avec les excédents de la grosse production sur Lyon et Paris. Des féculeries absorbent en outre environ 2.000 tonnes de pommes de terre industrielles.

Les cultures sont particulièrement importantes en *Saône-et-Loire* et dans la *Loire* ; dans ce dernier département elles sont répandues dans les plaines des arrondissements de Roanne et Montbrison et les montagnes du Forez. La féculerie transforme une partie de cette production et un commerce de semences est alimenté en vue de l'exportation.

Dans le *Rhône*, la pomme de terre occupe une place importante destinée à l'alimentation locale, notamment aux besoins de l'agglomération lyonnaise et alimente en outre l'approvisionnement de quelques féculeries.

Dans l'*Isère*, la *Haute-Savoie* et la *Savoie* la production suffit d'ordinaire à la consommation locale.

Région du Sud-Ouest. — La production de la pomme de terre en Gironde alimente les besoins locaux. Bordeaux est un centre commercial d'importation et d'exportation important. Cette ville reçoit des quantités appréciables de pommes de terre de primeur d'Algérie et d'Espagne et de consommation courante de Bretagne, de Saintonge, du Poitou, de la Creuse, du Limousin et de l'Orléanais.

Durant la campagne 1921, cette ville a reçu 350 wagons de Bretagne, 650 du Centre, 100 de l'Auvergne, soit au total 14.000 tonnes, dont une partie a été exportée sur l'Argentine, l'Uruguay, le Transvaal comme semences. En outre 8.000 tonnes pour la consommation ont été exportées aux Antilles, en Algérie, au Maroc ; 1.000 tonnes sur les Landes et les pays viticoles. Ce trafic atteignait avant la guerre dans son ensemble plus de 40.000 tonnes.

La pomme de terre produite dans le *Lot-et-Garonne* est absorbée par la consommation locale ; ce n'est qu'exceptionnellement dans les années d'abondance que le tubercule est exporté. La production de primeur ne s'est pas développée comme on l'espérait, les producteurs ayant trouvé sur le marché de Londres les produits concurrents de Jersey et de Guernesey.

En *Dordogne* la pomme de terre de grosse consommation est produite surtout dans l'arrondissement de Nontron. Elle est employée principalement à l'alimentation des animaux, et ne donne lieu à aucune transaction importante, hors du département.

La production de la pomme de terre dans les *Landes* est de peu d'importance, mais suffit à la nourriture de la population et des porcs.

Dans le *Tarn-et-Garonne* on produit des pommes de terre précoces en vue de l'expédition sur Paris, notamment les variétés Marjolaine, Early rose, etc...

Les départements des *Basses-Pyrénées* du *Gers* sont importateurs.

Région du Sud-Est. — Dans cette région, l'Ardèche, la Haute-Loire, la Drôme produisent des quantités importantes de pommes de terre de grosse consommation, alors que dans les Bouches-du-Rhône, le Var, le Vaucluse, les Alpes-Maritimes, la production est surtout spécialisée dans les variétés de primeur.

Dans l'*Ardèche* la culture de la pomme de terre est importante dans tout le département à toutes les altitudes, en vue de l'alimentation locale et de l'engraissement des animaux. Il se fait une certaine exportation du tubercule sur les autres départements plus méridionaux. La pomme de terre donne naissance en *Haute-Loire* à un important commerce sur le Midi, Bordeaux et l'Angleterre.

La *Drôme* produit des semences qui s'expédient sur le Gard, le Vaucluse, les Bouches-du-Rhône, et des tubercules de consommation pour Lyon et Grenoble.

Les pommes de terre de primeur sont produites en quantités importantes dans cette région du *Sud-Est* ; les cultivateurs du Var et de la vallée de la Durance ont donné durant ces dernières années des soins particuliers à cette culture avantageuse.

Des *Basses-Alpes* s'expédient surtout en septembre et octobre d'importantes quantités de pommes de terre de grosse consommation sur Marseille, Avignon, Draguignan et Lyon. La production des *Alpes-Maritimes* est insuffisante à couvrir les besoins locaux.

Région du Sud. — Dans cette région, l'*Aveyron* avec le *Cantal* et le *Tarn* sont les départements les plus producteurs. Le *Lot*, la *Lozère*, l'*Hérault*, l'*Aude* et les *Pyrénées-Orientales* sont généralement déficitaires.

Depuis quelques années, l'*Aveyron* est devenu exportateur sur les régions du Languedoc, principalement.

Dans le *Tarn* la pomme de terre est cultivée dans les parties montagneuses et sur les collines.

Il se fait des *Pyrénées-Orientales* de la région de Perpignan des envois de pommes de terre de primeur, notamment sur Paris.

Les *Hautes-Pyrénées* exportent parfois de petites quantités de tubercules.

La *Haute-Garonne* expédie un peu dans les départements méditerranéens, mais ses importations sont plus fortes et atteignent souvent 15.000 tonnes provenant surtout du centre de la France.

L'*Ariège* a souvent des disponibilités qui s'exportent sur le Midi et exceptionnellement dans le Sud-Ouest. La pomme de terre est cultivée surtout dans les vallées des arrondissements de Foix et de Saint-Girons. Elle se vend sur les marchés de Pamiers, Foix et Saint-Girons.

Tel est le tableau d'ensemble par régions, de la production de la pomme de terre en France. Il serait incomplet au point de vue commercial, s'il n'était pas suivi de celui de nos importations et de nos exportations.

IMPORTATIONS ET EXPORTATIONS

Nos importations sont considérables. Nous avons dépassé depuis 1919 celles d'avant-guerre.

Le tableau ci-après indique l'importance de nos achats en produits de primeur et autres durant ces dernières années.

IMPORTATIONS EN QUINTAUX DES POMMES DE TERRE EN FRANCE.

	1913	1918	1919	1920	1921	1922	1923
	Qx	Qx	Qx	Qx	Qx	Qx	Qx
Importées du 1ᵉʳ mars au 1ᵉʳ juin . . .	374.942	90.207	1.581.783	303.183	236 083	403.730	313.117
Importées pendant les autres périodes . .	1.935.801	223.640	1.605.853	367.664	1.361.375	3.307.193	2.616.919
TOTAUX . .	2.310.743	313.847	3 187.636	670.847	1.597.458	3.710.923	2.960.036

Le tableau suivant afférent à l'année 1922 indique les quantités de pommes de terre entrées, par pays de provenance, du 1ᵉʳ mars au 1ᵉʳ juin et durant les autres périodes de l'année.

Importées du 1ᵉʳ mars au 1ᵉʳ juin	Quantités en Q. M.	Valeurs en milliers de fr.
Irlande	2.042	
Grande-Bretagne	3.481	
Pays-Bas	198	
Espagne	107.746	
Italie	167.398	
Yougoslavie	594	
Autres pays étrangers.	1.330	
TOTAL	289.898	20.293
Algérie	112.845	
Tunisie	187	
Maroc	800	
TOTAL	113.832	9.664
TOTAL GÉNÉRAL	403.730	29.957

Importées pendant les autres périodes	Quantités Q. M.	Valeurs en Milliers de fr.
Esthonie	57.095	
Pologne	236.634	
Suède	54.160	
Danemark	247.382	
Irlande	337.719	
Grande-Bretagne	621.523	
Allemagne	84.477	
Pays-Bas	620.024	
Belgique	620.186	
Luxembourg	37.886	
Suisse	29.678	
Espagne	63.777	
Italie	238.144	
Yougoslavie	10.172	
Autres pays étrangers	3.683	
Zones franches	10.506	
TOTAL	3.272.947	98.188
Algérie	33.989	
Autres Colonies, protectorat	258	
TOTAL	34.247	2.736
TOTAL GÉNÉRAL	3.307.193	100.924

Nous voyons pour les produits de primeur la part considérable prise par l'Espagne, l'Italie et l'Algérie dans nos approvisionnements, pour ceux de grosse consommation, la part des Pays-Bas, de la Belgique, du Danemark, de la Grande-Bretagne, de l'Irlande et de la Pologne.

Le tableau de la page 38 donne pour nos exportations la marche des différents trafics durant ces 6 dernières années par rapport à 1913. La situation en 1923 a été favorable, puisqu'elle se traduit par un gain sur 1913.

Les nombres ci-après donnent pour l'année 1922 la situation des différents pays acheteurs :

EXPORTATIONS FRANÇAISE	Poids	Valeurs en milliers de fr.
Grande-Bretagne	620.850 qx	
Allemagne	712 —	
Sarre	24.991 —	
Pays-Bas	4.410 —	
Belgique	14.681 —	
Suisse	103.401 —	
Portugal	45 534 —	
Espagne	17.099 —	
Italie	739 —	
Grèce	2.130 —	
Turquie	25.806 —	
Egypte	50 797 —	
Possessions anglaises en Afrique	1 058 —	
Brésil	18.788 —	
Uruguay	10.788 —	
Argentine	26.450 —	
Autres Pays étrangers	1.987 —	
Zones franches	27.695 —	
Provisions de bord-Navires français	27 446 —	
— Navires étrangers	7 598 —	
TOTAL	1.012 598 —	70.882

EXPORTATIONS DE POMMES DE TERRE DE FRANCE (EN QUINTAUX)

	1913	1918	1919	1920	1921	1922	1923
	Qx	Qx	Qx	Qx	Qx	Qx	Qx
Grande-Bretagne.	835.713	13	62.592	767.253	680.458	620.850	1.024.781
Brésil	154.550	—	8.295	55.019	9.312	18.427	8.219
Algérie.	216.890	89.775	124.261	430.005	227.535	267.500	242.673
Portugal	78.486			167.317	152 831	45.534	130.255
Maroc	31.069	81 601	162.917	64 574	98 268	63.964	31.260
Tunisie.	40.625			61.996	54.701	39.882	60,523
Luxembourg	—	—	—	—		14.681	55.458
Suisse	31.211	—	—	—	1.135.919	103.401	84,249
Sarre	—	—	—	—		226.008	206.209
Allemagne.	14.969	—	—	—	—	—	—
Belgique	55.706	—	—	—	—	—	—
Espagne	56.295	—	—	—	—	—	—
Turquie	65.839	—	—	—	—	—	—
Uruguay	19.300	—	—	—	—	—	—
Argentine	76.362	—	—	—	—	—	—
Autres pays	133.843	—	—	—	350.435	—	—
Totaux	1.810.968	174.389	358.068	2 150.890	2.358.724	1.400.247	2.194.962

Algérie.	267.500 —
Tunisie.	39.882 —
Maroc .	63.964 —
Sénégal.	4.183 —
Autres établissements français de la côte occidentale d'Afrique.	1.135 —
Madagascar et dépendances	1.063 —
Guyane française	1.971 —
Martinique.	2.151 —
Guadeloupe	3.289 —
Saint-Pierre et Pêche	1.448 —
Autres colonies et protectorats	1.063 —
TOTAL	387.649 —
Valeurs en milliers de fr..	27.435 —

TOTAL GÉNÉRAL DES EXPORTATIONS.

Quantités	1.400.247
Valeurs.	96.017

Nos principaux acheteurs sont la Grande-Bretagne, l'Algérie, la Tunisie, le Maroc, la Suisse et les Pays du Sud Amérique (1).

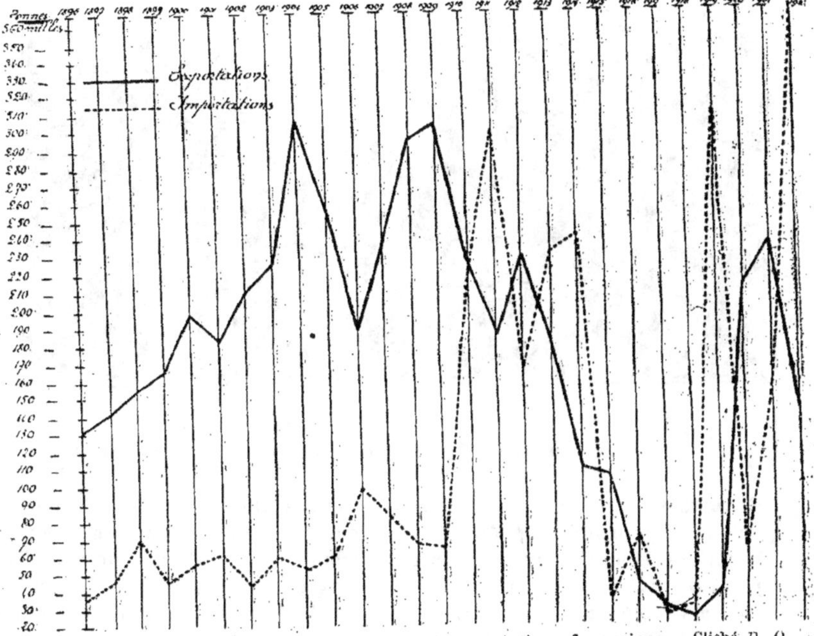

FIG. 4. — Graphique des importations et exportations françaises.   Cliché P. O.

Le graphique fig. 4 indique en poids l'importance relative de nos exportations et de nos importations.

(1) Ajoutons qu'il se fait un certain commerce de transit d'Algérie, d'Espagne, d'Italie par la France sur l'Angleterre, la Belgique et l'Allemagne,

Après avoir été longtemps un pays d'exportation, la France tend de plus en plus dans ces dernières années à perdre cette situation favorable.

Nous allons examiner d'ailleurs rapidement la situation des principaux pays par rapport au marché français.

Algérie, Tunisie, Maroc. — Nos possessions du Nord de l'Afrique nous vendent des primeurs et nous achètent des semences et des pommes de terre de grosse consommation.

En *Algérie* la culture de la pomme de terre de primeur s'étend surtout le long de la zone du littoral située à l'Ouest d'Alger, notamment de

Cliché *Office Algérie*.

Fig. 5. — Lavage et emballage des pommes de terre nouvelles en Algérie.

Guyotville à Aïn Taya. Il se fait en outre une certaine culture de pommes de terre de saison. Les pommes de terre de primeur sont en grande partie exportées, alors que les autres sont consommées sur place et ne suffisent pas à couvrir les besoins du pays. Aussi l'Algérie a recours à la production française pour cette qualité. C'est dans la région de Constantine et sur les hauts plateaux que se trouvent les centres de production de la pomme de terre de grosse consommation.

Bien que de date ancienne, la culture « de primeur » n'a alimenté un trafic important que depuis 1900, époque à laquelle l'exportation atteignait 12.000 T. Elle passait successivement en 1910 à 22.500 T. ; en 1923, à 25.985 T.

Alors que les pommes de terre cultivées en automne et en hiver en vue de leur exportation n'occupaient en 1900 qu'une superficie de 2.000 ha, environ et que les quantités exportées étaient de 12.000 T., cette culture portait en 1922 sur près de 4.000 ha avec une exportation de 20.723 T.

Les variétés de pommes de terre cultivées pour l'exportation sont principalement la « Mayette » ou « Bretonne », la « Royale Kidney », la « Fluk » la « Belle de Fontenay », « la Quarantaine ».

Ces variétés sont surtout produites en première culture de primeur et apparaissent sur nos marchés dès le 15 novembre.

Une deuxième culture a généralement lieu de façon à obtenir des produits de primeur en mars, avril, mai. Dans ce cas c'est la « saucisse rouge » qui est cultivée. Elle est payée moins cher que les variétés à peau blanche, mais son rendement est beaucoup plus grand.

Les semences proviennent presque en totalité de la Bretagne, de la région d'Angers ou du Nord de la France, d'Angleterre, de Hollande et de Belgique. On ne récolte en Algérie qu'une très petite quantité de semences mises en terre dès octobre et qu'on désigne sous le nom de « Grenadines ».

Les pommes de terre de primeur sont expédiées dans des barils de bois blanc, légers, doublés de papier d'emballage dont le poids brut varie de 100 à 150 kg.

Exportations algériennes de pommes de terre (en tonnes)

	1913	1919	1920	1921	1922	1923
France.	19.076	7.373	11 228	17.370	15.373	23.736
Maroc	971	262	623	1.151	913	2 249
Allemagne	382	—	—	—	—	—
Grande-Bretagne	266	—	596	555	16	—
Espagne	—	—	—	123	—	—
Autres pays	868	236	430	388	421	—
Totaux	21 563	7.871	12 877	19.587	16.723	25.985

La grosse pomme de terre est demandée par Marseille, Montpellier, Cette et un peu Paris. La grosse moyenne par Londres et Bruxelles, la moyenne par Paris, Lyon et Bordeaux, la grenaille par Marseille.

Les importations algériennes de semences et de pommes de terre de grosse consommation venant de France, se sont élevées en 1923 à 24.500 T.

La *Tunisie* n'exporte que peu de pommes de terre de primeur ; sa production est restée secondaire et ce pays ne se suffit pas pour les produits de grosse consommation. La France lui fournit surtout par Marseille des lots de semences et de pommes de terre alimentaires qui se sont chiffrés pour 1923 à 6.087 T., alors que les exportations ne s'étaient élevées qu'à moins de 20 T.

Le *Maroc* paraît devoir être appelé à un certain avenir pour la production de la pomme de terre de primeur, notamment dans la région de Casablanca ; des envois sur la Métropole ont lieu depuis quelques années et se chiffrent pour 1924 par plusieurs centaines de tonnes expédiées via Marseille et Bordeaux, notamment sur Paris. Cette production arrive environ un mois avant celle de l'Algérie. Les semences viennent de France, principalement de la région du Nord et de la Bretagne. Le Maroc achète pour la population européenne et les troupes d'occupation des pommes de terre de grosse consommation, en particulier à la France.

Italie et Espagne. — Il existe avec l'Italie et l'Espagne, d'une part un commerce de primeur sur la France, d'autre part, des ventes suivant les années dans un sens ou dans l'autre, de produits de grosse consommation. L'Espagne nous achète régulièrement des semences.

En *Italie* les principaux centres de culture sont les parties montagneuses du Piémont, de la Liguri, de la Toscane, de la Campanie, des Calabres, et plus spécialemement des Abruzzes. Cette culture s'étend dans l'ensemble sur une superficie d'environ 300.000 ha. C'est la région de Chioggia sur la zone de l'Adriatique, dans les deltas des fleuves, notamment de l'Adige que se fait la culture la plus importante de pommes de terre de primeur en vue de l'exportation. C'est une pomme de terre jaune, ronde, plutôt petite, assez peu appréciée sur le marché de Paris. Nous avons reçu en 1922, 16.740 T. de pommes de terre de primeur italiennes et 23.800 T. de pommes de terre de grosse consommation.

Nous avons expédié sur l'Italie en 1922 seulement 74 T. de semences.

La production italienne paraît être en plein essor, notamment dans l'Italie méridionale et recherche ses débouchés dans les pays méditerranéens, Tunisie, Sicile, Malte, Egypte, Turquie, etc..., nous faisant ainsi une concurrence de plus en plus appréciable.

La culture des pommes de terre de primeur en *Espagne* se fait d'une part aux Iles Canaries, d'autre part dans différentes régions de la Péninsule, notamment aux environs d'Alméria et de Barcelone. Les productions des Canaries et d'Alméria s'exportent principalement sur l'Angleterre et en partie sur la France par Marseille.

La région de Mataro, dans la province de Barcelone a pris une importance très grande, depuis 1915. La culture de la pomme de terre de primeur y entretient un commerce d'exportation sur la France, l'Angleterre, la Suisse, l'Allemagne. L'Espagne a exporté en France en 1922, 10.774 T. de pommes de terre « prime » et 6.377 T. de pommes de terre ordinaires. La saison de 1924 a atteint pour le seul marché de Paris, près de 6.000 T. et 9.200 T. en 1923.

Il existe en outre un trafic de transit par Cerbère et Boulogne atteignant environ 15.000 T. en 1924.

L'Angleterre fournit les semences aux Iles Canaries, la France à Mataro.

Le moment favorable pour importer les semences de pommes de terre en Espagne est novembre et décembre.

L'Espagne fait une concurrence redoutable à nos producteurs algériens, ainsi qu'à nos primeuristes de Bretagne, des Pyrénées-Orientales, du Var et du Midi.

Grande-Bretagne. — L'Angleterre est un pays grand consommateur de pommes de terre et sa production est insuffisante pour les besoins de sa consommation ; il en résulte un commerce actif et des importations nombreuses des différents points du Monde dans ce pays.

La culture de la pomme de terre y assure cependant d'excellentes récoltes ; le rendement moyen est élevé, mais l'ensemble de la production ainsi qu'il vient d'être dit est insuffisante. C'est la région du Nord-Est qui est la plus productrice.

Les principales variétés de grosse consommation, récoltées en Angleterre sont la King Edward, l'Evergood, la Jersey Royal, la May Queen, la Duke of York et la Dunbar. L'Angleterre produit généralement elle-même ses semences dont elle exporte parfois d'assez grosses quantités, notamment en Espagne, pour importer ensuite les récoltes issues de ces semences. Les régions du Royaume-Uni les plus réputées pour la production de la semence sont l'Ecosse, les Iles de Guernesey et de Jersey, le Cambridgeshire et le Lincolnshire.

D'une façon générale, l'Angleterre importe une très grosse quantité de tubercules et le total des importations est tout naturellement fonction de l'état des récoltes. On peut dire néanmoins d'une façon générale que les importations sont en croissance continuelle depuis 1921 et bien supérieures en 1923 à celles de 1914. Le quart est en provenance des colonies britanniques, les trois autres quarts en provenance du continent. Il est également à remarquer que les importations en provenance des colonies sont en diminution constante au profit des pays continentaux.

De tout temps les deux contrées qui ont le plus approvisionné le marché anglais en pommes de terre de grosse consommation sont la France et les Iles de la Manche. Viennent ensuite la Hollande, les Iles Canaries et l'Espagne ; la place occupée par l'Allemagne avant guerre semble avoir été prise en partie par la France et les Pays Scandinaves.

Le tableau suivant donne le mouvement général des importations de pommes de terre en Angleterre et tient compte à la fois des pommes de terre de grosse consommation et des pommes de terre nouvelles dites de primeur.

IMPORTATIONS DES POMMES DE TERRE EN GRANDE-BRETAGNE (EN CWTS).

PAYS	UNITÉ	1914	1921	1922	1923
France	cwts	1.175.592	1.150.620	1.105.626	2.003.356
Hollande . . .	—	147.400	522.513	715.511	703.835
Iles Canaries . . .	—	217.987	125.867	208.686	273.370
Danemark . . .	—	18.729	105.882	172.344	17 108
Espagne . . .	—	148.282	19.742	144.587	273.313
Iles Manche . . .	—	1.201.942	1 103.073	868.366	1.261.986
Suède	—	—	—	44.464	—
Allemagne . . .	—	235.640	404	9 807	274
Belgique . . .	—	4 066	6.744	29.278	97 050
Norvège . . .	—	230	10	8.666	—
Malte . . .	—	3.091	11.671	29 718	—
Algérie : . .	—	502	9.486	355	—

Les variétés les plus appréciées en provenance de la France sont la Royal Kidney, la Saucisse, l'Early Rose et la Quarantaine de la Halle. Les régions françaises qui exportent le plus sont la Bretagne et le centre de la France.

Les principaux ports d'expédition des pommes de terre de grosse consommation sont Saint-Malo et Honfleur à destination de Southampton qui est le port anglais le plus fréquenté pour la réception des tubercules en provenance du continent et surtout des colonies britanniques.

Par contre, Boulogne est le principal port de transit des pommes de terre de primeur et des pommes de terre nouvelles en provenance d'Algérie, d'Espagne, d'Italie et de France.

L'Angleterre est également un très gros pays consommateur de pommes de terre nouvelles. Son climat ne lui permet pas de récolter suffisamment tôt pour assurer sa consommation. La production anglaise de pommes de terre nouvelles a été en 1923 de 180.000 tonnes seulement. Les principales régions anglaises (non compris les îles de la Manche) qui produisent les pommes de terre nouvelles sont : le Kent, le Cornwal, le Bedford, le Lancashire et le Lincolnshire.

Les principaux pays importateurs de pommes de terre nouvelles en Angleterre sont par ordre d'arrivage sur les marchés :

Décembre . .	Iles Canaries .	Avril	Jersey .
Janvier . .	Iles Canaries .	—	Guernesey .
— . .	Algérie .	—	Italie .
Février . .	Iles Canaries .	—	Espagne .
— . .	Algérie .	Mai	Iles Açores .
Mars . . .	Iles Canaries .	—	Sicile et Italie .
— . . .	Algérie .	—	Iles de la Manche .
— . . .	Sicile .	—	Espagne .
Avril . . .	Sicile .	—	France .

La production anglaise de pommes de terre oscillant entre
7.605.000 tonnes en 1913 et 5.912.000 tonnes en 1923 et les importations
totales étant montées de 3.321.000 cwts en 1914 à 4.900.000 cwts en 1923,
il en résulte que les exportations ont relativement une certaine importance Elles consistent d'une part en expéditions de pommes de terre de
semences sur les différents pays dont l'Angleterre achète ensuite la récolte,
d'autre part en réexpéditions sur les colonies, de pommes de terre en
provenance soit de pays continentaux, soit d'autres colonies et enfin en
exportations sur la Belgique, dont l'Angleterre est un des principaux
fournisseurs.

EXPORTATIONS DE POMMES DE TERRE DE GRANDE-BRETAGNE (EN CWTS)

PAYS	UNITÉ	1920	1921	1922
Allemagne	cwts	—	177 211	13
Hollande	—	1 067	5.470	11 298
Belgique	—	3.048	74.861	458.550
France	—	4.627	43.577	1.799 218
Espagne	—	16 478	56.612	142.837
Iles Canaries . . .	—	129.918	53.684	113.251
Iles de la Manche . . .	—	28 557	42.349	57.687
Malte	—	33.359	42.353	44.048
Natal	—	5.179	3.590	2.313
Cap de Bonne-Espérance .	—	6.721	3.237	2.262
TOTAUX		369.519	1 513.239	2.910.399

De l'examen des deux tableaux précédents, on peut dire que d'une façon
générale l'Angleterre est l'un des pays acheteurs les plus importants et que
sa consommation dépasse de beaucoup l'importance de sa production.

Notre pays qui occupe la première place sur le marché anglais où
il n'est sérieusement concurrencé que par les Iles anglo-normandes, peut
être assuré dans l'avenir d'y vendre l'excédent de sa production, nos variétés
répondant bien en général au goût anglais qui désire le plus souvent
des pommes de terre de grosseur moyenne, de forme oblongue et à peau
lisse.

Belgique et Pays-Bas. — La *Belgique* produit la pomme de terre
sur un peu moins de 150.000 hectares avec des rendements plus élevés
qu'en France. Elle fait cependant appel dans une assez large mesure aux
importations étrangères, puisqu'en 1921 elle en a acheté près de 300.000
tonnes dont 60.000 tonnes venant de France.

La culture des pommes de terre hâtives a pris naissance dans la province d'Anvers et se pratique aujourd'hui sur une assez vaste échelle,
dans la région de Malines et dans quelques localités du Brabant.

— 46 —

Une partie de cette production achetée sur le marché de Malines
s'exporte en Angleterre et en Allemagne du 15 juin à fin août.

Cette production s'étend aujourd'hui sur le littoral belge et s'expédie
en partie sur le Nord de la France et en Angleterre.

L'exportation a atteint en 1920, 65.000 T. contre 250.000 T. en 1913
intéressant plus spécialement la France (26.000 T.) la Grande-Bretagne
(20.000 T.) l'Allemagne et quelque peu les Pays-Bas.

En 1922, nous avons importé 62.000 T. de pommes de terre de saison.
Le Luxembourg participe en outre à ces ventes pour 37.888 T.

Notre exportation en 1922 ne s'est élevée qu'à 1.468 T. en pommes de
terre de même nature.

Ci-après pour 1921 le tableau des importations belges montrant la
part de la France dans ce trafic.

IMPORTATIONS DES POMMES DE TERRE EN BELGIQUE (EN TONNES ET FRANCS)

	1921	
	TONNES	FRANCS
Allemagne.	10.500 t. 800	3.023.548
Danemark.	3.074 857	1 044.961
France.	59.394 694	19.854.457
Luxembourg.	2.570 233	678.479
Grande-Bretagne.	4.191 504	1.547 001
Italie	4.408 991	1 915.397
Pays-Bas.	213.034 372	74.307 309
Autres pays	73 476	304 440
TOTAUX.	297.906 t. 787	102.642.262

La culture de la pomme de terre est en progression dans les *Pays-
Bas*; elle y est passée de 155.000 ha. en 1900 à 183.000 ha. en 1922 avec
des rendements élevés, analogues à ceux obtenus en Belgique.

La culture des pommes de terre hâtives y a progressé sur 6.000 ha.,
notamment dans la Gueldre, le Limbourg, la Frise; la récolte se fait en
avril et une part est exportée notamment en Angleterre.

La culture de la pomme de terre de grosse consommation s'étend sur
tout le pays et entretient une industrie de la fécule assez importante dont
une partie sous forme coopérative. On la trouve dans la Frise, le Drenthe
et la Hollande méridionale. Une part appréciable s'expédie en Allemagne
(Westphalie) en Amérique, en Angleterre, en Belgique, en France sous
forme de tubercules de semences.

Un service d'observation des cultures sur pied veille à la pureté des variétés et se trouve complété par une Société Coopérative pour le commerce des semences de pommes de terre, notamment dans la Frise.

Tout cultivateur qui fait observer ses cultures est obligé de livrer ses semences à la Coopérative qui les examine par lots avant de les vendre au commerce sous la marque de la Société.

Ci-après le tonnage des importations hollandaises de pommes de terre qui comportent pour la France surtout des produits de primeur.

IMPORTATIONS DE POMMES DE TERRE EN HOLLANDE (EN TONNES ET FLORINS)

	1921	
	TONNES	FLORINS
Allemagne.	170 t. 792	14 644
Belgique .	231 125	19.400
France.	211 830	16.140
Danemark.	918 253	57.205
Autres pays	70 707	7.520
TOTAUX .	1.608 t.707	114.909

Les statistiques douanières françaises accusent pour 1923 une importation totale de 27.000 T. de pommes de terre, de semences et de grosse consommation en provenance des Pays-Bas.

Nous achetons beaucoup plus à la Hollande que nous lui vendons.

Suisse. — La culture de la pomme de terre en Suisse est insuffisante à couvrir les besoins du pays. Elle est surtout développée dans les cantons de Berne, Argovie, Fribourg et Zurich. Elle s'étendait en 1918 sur 60.000 ha avec un rendement moyen de 13 T.

L'Allemagne, la France et l'Italie sont les principaux pays vendeurs de pommes de terre.

Les premiers envois viennent d'Algérie, puis parviennent ceux de Cavaillon, Avignon et Barbentane en primeur concurrencés par les importations italiennes qui ont considérablement augmenté dans ces dernières années.

Nous avons exporté en 1923, 11.000 T. de pommes de terre sur la Suisse.

Le tableau ci-après donne pour 1921, les importations totales par pays de provenance.

IMPORTATIONS DE POMMES DE TERRE EN SUISSE (EN QUINTAUX ET FRANCS)

	1921	
	QUINTAUX	FRANCS
Allemagne, ...	10.857	147.198
Autriche	2.876	40 683
France	97 926	1.350.104
Italie	101.514	2.343.973
Belgique	—	
Pays-Bas	13.510	169.400
Grande-Bretagne	31	797
Espagne	3,429	139 400
Danemark	60 692	742.740
Pologne	144	1 425
Hongrie	1.438	16.424
Algérie-Tunisie	2 132	114.340
TOTAUX	294.567	5.066.552

Les pommes de terre sont d'une vente assez facile à partir d'avril et surtout de juin, mais c'est la marchandise italienne qui à cause de son bas prix est l'objet à ce moment des plus importantes transactions. Vers fin juin, commence à arriver la pomme de terre de pays d'Alsace et de Bade. Ce n'est que plus tard qu'arrivent les provenances de Belgique et des Pays-Bas.

Autres Pays. — Le mouvement d'affaires avec l'*Allemagne* depuis les hostilités s'est peu développé. Nous avons importé de ce pays en 1922, 8.500 T. de variétés de grosse consommation alors que notre exportation ne s'élevait qu'à 71 T.

En 1923, elle atteignait 1.450 T.

On sait l'importance considérable de la culture de la pomme de terre dans ce pays à la fois comme plante alimentaire, fourragère et industrielle. La pomme de terre remplace le pain. L'Allemagne nous concurrençait fortement avant les hostilités sur le marché anglais où elle a perdu aujourd'hui son ancienne prépotence. Ce pays nous fournissait avant la guerre de très importantes quantités de tubercules de semences. Il convient aujourd'hui de réagir, ainsi qu'il sera dit au cours de ce Congrès, en vue de la production par nos propres soins des semences sélectionnées dont nous avons besoin.

La culture de la pomme de terre en *Pologne* a pris un développement considérable et ce pays en 1922 nous a expédié 23.600 T. de ce tubercule pour parfaire les besoins de notre marché déficitaire, remplaçant ainsi, au moins partiellement, les anciens envois de l'Allemagne.

L'*Egypte* cultive peu la pomme de terre. Ses achats à l'étranger sont importants et on les estime à plus de 20.000 tonnes dont 5.000 tonnes en provenance de France (1922).

Le Caire est le principal marché. Les achats sont généralement faits franco, port européen départ, paiement au comptant à la réception en Egypte. Le principal concurrent sur cette place est l'Italie.

La situation est sensiblement la même en *Turquie*, plus spécialement à Constantinople, où la France fournissait par Marseille, avant la guerre la majorité des importations.

Depuis, la concurrence italienne s'est fait fortement sentir et nos exportations sont tombées en 1921 à 2.580 T., comprenant des tubercules de semences et de consommation. La concurrence italienne vient surtout de Naples et débute en mai ; elle est très active de juin à fin août. On trouve encore sur ce marché des pommes de terre de Malte, de Corfou, et des pommes de terre indigènes.

Il se fait en outre par les ports de Bordeaux et de Marseille, un certain trafic qui a beaucoup baissé depuis les hostilités, de pommes de terre de semences et de consommation, notamment sur les colonies françaises et sur l'Amérique. En 1922, le Sénégal nous a acheté 418 T., les Etablissements français de la côte Occidentale d'Afrique 115 T., Madagascar 106 T., la Guyanne 200 T., la Martinique 215 T., la Guadeloupe 330 T., Saint-Pierre et Miquelon 150 T. et divers 100 T.

Nous fournissons surtout aux pays d'Amérique particulièrement, au Canada, et aux Etats-Unis, des semences d'une façon assez irrégulière ; des quantités plus importantes vont à l'Uruguay 1078 T. en 1922, au Brésil 1842 T., à l'Argentine 2.645 T.

Les envois sur les pays de l'Union Sud africaine et de la Nouvelle Galle du Sud n'atteignent plus aujourd'hui 2.000 T.

On ne saurait passer sous silence les plaintes des Syndicats de Négociants de pommes de terre de Marseille et de Bordeaux qui signalent la concurrence toujours croissante de certains pays notamment de l'Italie.

Le « Syndicat d'Exportateurs de pommes de terre » de Bordeaux après avoir indiqué que les statistiques officielles d'avant-guerre accusaient par ce port une exportation de 40 à 45.000 T. signale que sous l'empire des nécessités de la Défense nationale la libre exportation étant suspendue, il ne fut plus accordé chaque année qu'un contingent de 3.500 à 6.000 T. Aussi les acheteurs de l'Ouest Africain, du Cap, de l'Amérique du Sud, (Brésil, Uruguay, République Argentine) ont-ils été obligés de se pourvoir depuis lors en Hollande, Irlande, Allemagne et autres pays de production. Il y aurait intérêt, ajoute-t-il, à reprendre les débouchés perdus dans ces pays où la marchandise française est toujours recherchée, en développant notre production afin de permettre au gouvernement de rétablir la liberté d'exportation sans crainte de gêner la consommation du pays. Les variétés le plus demandées seraient par ordre de préférence : Early rose,

Ronde jaune, Institut de Beauvais, Impérator. Il semble ajoute enfin ce Syndicat que le Limousin particulièrement pourrait approvisionner très largement les exportateurs du Port de Bordeaux à la condition de produire ces variétés recherchées.

Courants commerciaux. — Les courants de trafic auxquels donne lieu la pomme de terre sont extrèmement importants, puisqu'ils s'élèvent

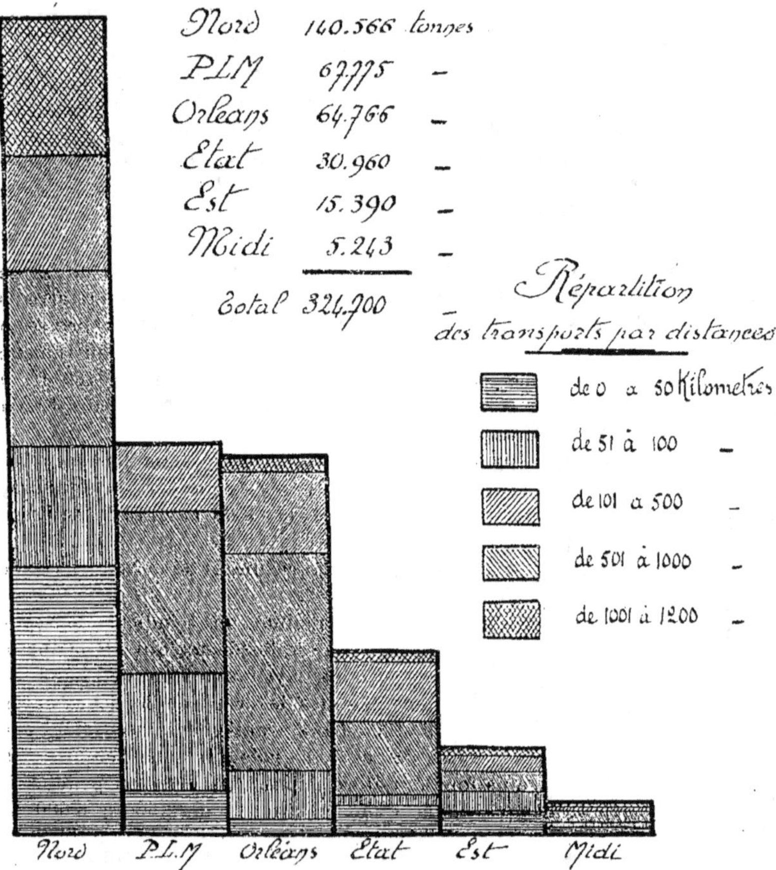

Cliché P. O.

FIG. 6. — Répartition des transports de pommes de terre sur les différents réseaux français en 1922.

pour la campagne 1922 à près de 350 000 T. sur les différents réseaux français. L'examen des différentes régions nous a montré les débouchés plus ou moins éloignés tant à l'intérieur qu'à l'étranger de la production

QUANTITÉS DE POMMES DE TERRE TRANSPORTÉES EN P. V, PAR LES DIFFÉRENTS RÉSEAUX FRANÇAIS. — CAMPAGNE 1922 (EN TONNES).

DISTANCES	EST	ÉTAT	MIDI	NORD	ORLÉANS	P.-L.-M.	TOTAL en tonnes
	Tonnes	Tonnes	Tonnes	Tonnes	Tonnes	Tonnes	Tonnes
0 à 25 kms.	3.119	2.304	409	35.764	849	4.555	43.970
26 à 50 —	2.443	1.297	567	9 372	765	4.853	19.297
51 à 100 —	3.748	1.402	1.278	19.769	7.049	19.091	52 337
101 à 200 —	2.193	3.239	1.086	9.794	17.168	11.023	41.503
201 à 300 —	611	2.588	1.302	16 356	6.832	7.730	35.419
301 à 400 —	781	4,453	279	2.173	4.702	7.254	19 642
401 à 500 —	339	3.373	57	1 053	9.496	6.481	20 799
501 à 600 —	516	4 167	113	3.610	4 903	5.047	18.326
601 à 700 —	492	2.177	62	4.466	4.281	1.923	13 401
701 à 800 —	799	1.565	47	5.900	4.688	2.162	15.161
801 à 900 —	287	1.587	—	3.873	1.753	109	7.609
901 à 1000 —	21	1.308	20	3.969	1.163	577	7 118
1001 à 1100 —	41	718	23	17.243	1.117	—	19.142
1101 à 1200 —	—	722	---	7.224	30	—	7.976
TOTAL	15.390	30.960	5 243	140.566	64.766	67.775	324.700

française, avec les caractéristiques dominantes sur ces différentes régions.

Le Nord est importateur de pommes de terre de primeur et de pommes de terre de grosse consommation et exportateur de pommes de terre de semences. L'Est est importateur de pommes de terre de primeur et de grosse consommation et producteur de pommes de terre de féculerie dont le débouché se trouve sur place. L'Ouest est producteur de grandes quantités de pommes de terre de primeur s'exportant sur l'Angleterre et Paris et producteur de semences, cette région ne peut parfois produire sa propre consommation, sauf dans la Sarthe et la Mayenne, départements exportateurs.

Le Centre est gros producteur de pommes de terre de consommation dont il exporte des quantités sur le Nord, le Sud-Ouest, le Midi et l'Est. Le Sud-Ouest producteur de primeurs, exportateur dans les régions du Midi de pommes de terre de consommation, alimentent en partie les envois viâ Bordeaux de variétés de semences. Les régions du Sud-Est sont exportatrices de produits de primeur, importatrices de produits de consommation.

Des courants commerciaux importants s'établissent donc avec leurs modalités différentes suivant les années, du Nord au Sud, pour les semences, du Sud au Nord pour les pommes de terre de primeur et des différents points du Pays sur d'autres pour les produits de grosse consommation. Les transports s'établissent sur des distances variables et les plus importants paraissent être ceux situés entre 0 et 100 kil. pour s'abaisser progressivement jusqu'à 700 et 800 kil. ainsi que l'indique le tableau de la page 50.

Paris joue un rôle particulièrement important comme marché de consommation.

Marché de Paris. — Le marché de Paris jouit d'une importance considérable non seulement parce qu'il assure l'approvisionnement des

QUANTITÉS DE POMMES DE TERRE INTRODUITES AUX HALLES CENTRALES.

(EN TONNES)

	1913	1918	1919	1920	1921	1922	1923
	Tonnes	Tonnes	Tonnes	Tonnes	Tonnes	Tonnes	Tonnes
Algérie	2 140	938	925	1.932	3 379	2.970	4.419
Espagne	1.127	—	—	—	279	840	156
Italie	—	—	—	310	90	903	—
Midi (Paris) . . .	1.095	189	325	606	..	—	—
Bretagne	1 492	3.444	3.489	1.872	5.625	4.358	4.681
Communes . . .	1.173	1 500	2.751	1.111	—	—	—
Hollande	—	—	—	—	287	51	10
TOTAUX . . .	7 027	6 074	7.590	5.634	8 660	9.422	9.266

3.000.000 d'habitants de la capitale, mais encore celui d'une grande partie des localités de la banlieue et de certaines villes notamment en Normandie

Cliché *Agriculture Nouvelle*.

Fig. 7. — Triage des pommes de terre.

et dans le Nord, ainsi que des réexpéditions sur certains pays comme l'Angleterre, la Belgique, la Suisse.

Quatre catégories de commerçants s'occupent de la vente de la pomme de terre dans la capitale.

1° les négociants en gros et demi-gros,
2° les commissionnaires,
3° les approvisionneurs,
4° les mandataires.

Mandataires et commissionnaires s'occupent de la vente des primeurs et certains de celle des variétés de grosse consommation, dans les proportions indiquées par le tableau ci-annexé.

Les approvisionneurs installés aux abords des Halles, notamment dans la rue des Halles du côté des numéros impairs et de la rue Baltard, vendent la pomme de terre de grosse consommation, en demi-gros.

Mais les transactions plus importantes sont effectuées par des négociants en gros, établis aux environs des Halles, à Bicêtre et à Villejuif.

Cliché *P. O.*

Fig. 8. — Vue des Halles centrales de Paris.

Ces négociants possèdent de vastes locaux où sont emmagasinées les pommes de terre et où s'effectuent les opérations de triage et de dégermage. La plupart de ces négociants « font » le gros, le demi-gros et livrent à domicile.

Les négociants en gros achètent principalement leurs produits par wagons soit aux producteurs, soit à des groupeurs qui sont très souvent des producteurs chargés de rassembler les produits de leurs collègues d'une même région.

Il existe en outre des négociants-expéditeurs de province qui écoulent leurs produits auprès des négociants en gros de Paris.

QUANTITÉS DE POMMES DE TERRE INTRODUITES A PARIS PAR LES DIFFÉRENTS RÉSEAUX DE CHEMIN DE FER (ANNÉES 1911-1922-1923)

(EN TONNES)

RÉSEAUX	Année	Janvier	Février	Mars	Avril	Mai	Juin	Juillet	Août	Septembre	Octobre	Novembre	Décembre	TOTAUX
		Tonnes	Tonnes	Tonnes	Tonnes	Tonnes	Tonnes	Tonnes	Tonnes	Tonnes	Tonnes	Tonnes	Tonnes	Tonnes
Est	1911	1.424	869	1.046	845	347	15	5	267	1.868	2 197	1.160	939	10.982
	1922	299	216	123	362	208	49	—	—	79	154	402	237	2.129
	1923	189	340	575	604	284	114	5	20	117	364	624	526	3.726
État	1911	2.646	1.745	2.014	1.643	1.387	9.240	5.577	4 432	6.600	6.949	2.743	2.226	47 202
	1922	3.659	4.079	3.352	3.433	602	6.574	6.048	580	1.204	3.462	2.925	2.363	37.978
	1923	2.048	2.439	2.730	2.149	2.009	15.704	5.856	3.799	7.415	6.330	5.300	2.870	58.610
P. L. M.	1911	358	1.193	2.240	4.477	9.459	1.451	402	30	342	1 041	940	686	22.619
	1922	598	647	1.030	460	3 200	3.373	1.877	5	354	1.627	1.450	784	15.406
	1923	837	799	1.227	784	1.348	3.574	1.753	307	409	743	1.179	387	13.344
Nord	1911	1.039	1.573	1.345	764	773	74	903	2.389	5.324	4.941	1.610	2.712	23.447
	1922	1.503	1.380	1.378	2.598	4.537	912	870	1.399	2.485	4.569	4.102	2.807	25.540
	1923	1.965	1.337	1.317	1.027	536	817	940	2.493	2.837	3.806	3.520	3.420	22.915
Orléans	1911	2.681	1.945	1.913	1.564	381	126	58	588	2.969	5.717	2.800	1.885	22.577
	1922	2.482	1.461	1 023	1.876	3.393	595	70	81	851	2.748	2.497	1.453	18.525
	1923	1.328	859	970	995	6.947	2.332	21	276	1.126	2.321	2.696	1.670	21.541
Ceinture	1911	—	—	—	—	—	—	—	—	—	—	—	—	—
	1922	3.435	1.990	2.053	2.222	315	154	302	256	1.752	4 745	4.173	3 174	24.571
	1923	2.794	2.256	2.640	2.320	825	104	49	624	1.897	3.572	4.615	3 096	24.768
Eau	1911	30	—	—	—	—	—	—	—	260	1.017	227	1.544	1.534
	1922	—	—	—	—	—	—	—	—	—	—	—	—	—
	1923	—	—	—	—	—	—	—	—	—	—	—	—	—
TOTAUX	1911	8.178	7.325	8.558	9 203	12.347	10 906	6 945	7.706	17.103	21.105	8.625	8.625	128.364
	1922	11 976	9.773	8 959	10 654	9.255	11 657	9.468	2.321	6 722	17.306	10.818	10 818	124 149
	1923	9.428	8.000	9.429	7.876	11.949	22.142	8.624	7.249	13.801	17.136	11.669	11 669	144.904

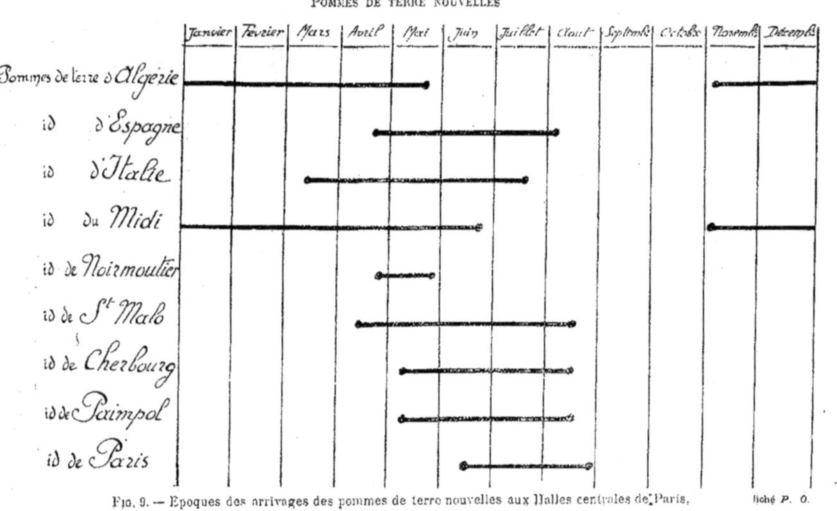

Fig. 9. — Epoques des arrivages des pommes de terre nouvelles aux Halles centrales de Paris.

Cliché P. O.

Il existe également sur la place de Paris des courtiers qui se chargent des réexpéditions et exportations.

MARCHÉ DES INNOCENTS.

Ce marché se tient tous les mercredis matin en plein air à Paris, devant la fontaine des Innocents, à proximité des Halles Centrales. Il constitue la « Bourse des pommes de terre » et les cours y sont établis

HALLES CENTRALES DE PARIS

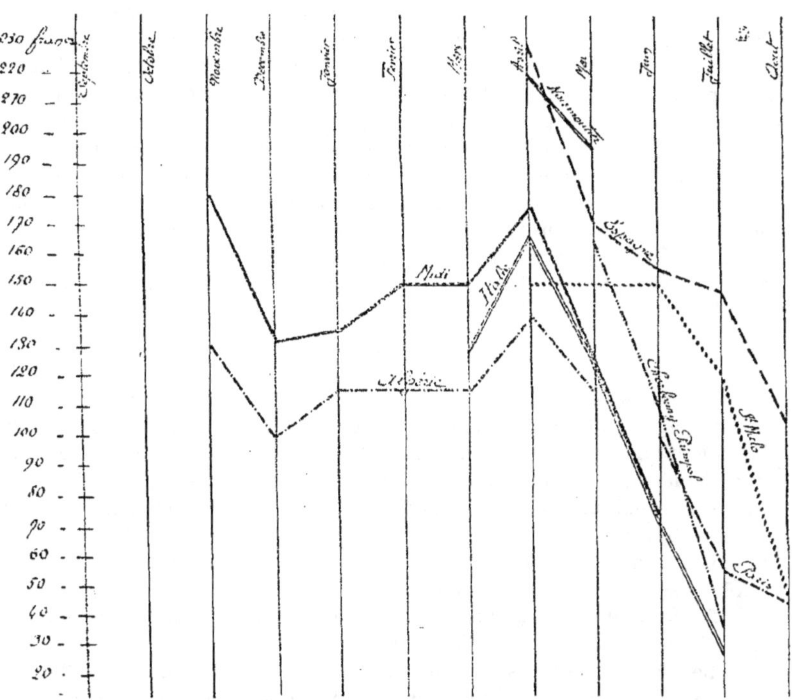

Cliché P. O.

FIG. 10. — Cours mensuels des pommes de terre nouvelles. Campagnes 1922-1923. Prix par 100 kgs.

pour la semaine. Sur ce marché sont conclues des transactions entre négociants en gros, producteurs et courtiers. Les prix sont généralement établis par 100 kg., gare départ, et les ventes se font de confiance, aucun échantillon n'étant présenté au moment de ces ventes.

Il existerait en outre des marchés clandestins dans les différentes gares d'arrivée où la marchandise serait vendue par les destinataires sur wagon. Cette vente est formellement interdite, mais subsisterait malgré la surveillance de la Préfecture de Police.

Le tableau de page 55 donne l'importance des arrivages totaux mensuels par voie ferrée à Paris pour les dernières années. Il comprend outre les primeurs, les produits de grosse consommation, soit au total pour l'année 1923, 145.000 T.

Ce tableau montre deux maxima dans les arrivages mensuels, l'un en juin, avec les pommes de terre « prime » et l'autre en novembre avec les pommes de terre ordinaires. Les pommes de terre de primeur viennent d'Algérie (novembre-mai), d'Espagne (avril-août), d'Italie (mars-juillet), du Midi (novembre-juillet), de Noirmoutier (mai) de Saint-Malo (avril-août), de Cherbourg (mai-août), de Saint-Pol (mai-août) et enfin des environs de Paris de juin à août. Les graphiques pages 56 et 57 donnent d'une part les « saisons » d'expéditions moyennes des différentes régions et d'autre part pour la campagne 1922-1923, les fluctuations des cours moyens suivant les époques, par provenances.

Ces indications sont très importantes, car il est de toute nécessité pour le producteur, notamment dans nos régions du Centre de ne pas attendre pour vendre les pommes de terre de grosse consommation l'afflux des pommes de terre nouvelles dont les cours quoique toujours très élevés, surtout au début des campagnes, n'en écrasent pas moins ceux des pommes de terre ordinaires délaissées en grande partie par le consommateur urbain.

CONCLUSIONS

L'enquête générale faite l'an dernier par les Services Commerciaux de la Compagnie d'Orléans dans les différentes régions de ce réseau sur les conditions de la production et de la vente de la pomme de terre ainsi que l'étude que nous venons de poursuivre montrent l'importance de notre production, mais aussi les difficultés qu'elle éprouve pour s'étendre et s'améliorer.

Des efforts sont à faire au point de vue des méthodes de culture : choix et sélection des plants, façons culturales, engrais, etc...

D'autres efforts sont aussi à faire en vue d'assurer aux produits obtenus, de bons débouchés et d'excellentes ventes.

Les débouchés nous l'avons vue ne manquent pas. Outre le débouché local, il existe dans les différentes régions suivant les années, des insuffisances à combler par les excédents des régions voisines. Le Ministère de l'Agriculture s'y était attaché autrefois d'une manière rationnelle en publiant dès que possible au moment de la récolte les renseignements commerciaux qu'il pouvait obtenir pour renseigner les négociants. La Cie d'Orléans dans le même but concrétisait ces renseignements en une carte en couleurs faisant ressortir les excédents des diverses régions susceptibles de combler le déficit des autres. C'est une œuvre à reprendre et à laquelle la Compagnie d'Orléans s'attachera en imprimant de nouveau chaque année cette carte en couleurs si parlante aux yeux des commerçants.

En dehors de ces débouchés existe celui de quelques grandes cités françaises qu'il convient de bien connaître soit par leur importance comme Paris, Lyon, les villes du Nord, mais aussi comme centres d'exportation comme Bordeaux, Marseille, etc... Des relations confiantes sont à créer avec les « Syndicats d'exportation de négociants » de ces villes dont les intérêts sont connexés de ceux de la production.

L'exportation en Angleterre, en Suisse et dans d'autres pays est à développer, surtout dans ce premier pays qui jusqu'ici a été le principal acheteur de nos produits.

Il convient aussi de s'attacher à *réduire nos importations*, soit qu'il s'agisse de pommes de terre de semences dont nous pouvons très bien assurer rationnellement aujourd'hui notre production en grand, soit qu'il s'agisse de pommes de terre alimentaires, de primeur ou de grosse consommation.

Il est vraiment anormal de voir, alors que nous avons l'Algérie et le Maroc à nos portes, des pays étrangers introduire des quantités énormes de pommes de terre « prime » qui nous coûtent si cher et qui provoquent une exportation importante de capitaux. Nous pouvons régler par nos propres moyens cette production, de manière à alimenter régulièrement les marchés sans avoir besoin du concours de pays concurrents.

Et ce qui est vrai pour la pomme de terre de primeur est également vrai pour celle de consommation courante.

Nous pouvons produire sans crainte, car une soupape existe, celle de l'exportation chez nos voisins alliés. Mais pour encourager la production, il faut des prix rémunérateurs. L'étude des différents marchés, de leurs besoins, en quantités et qualités, de leurs habitudes commerciales, permettra, et c'est surtout vrai pour la pomme de terre de primeur, d'éviter les à-coups dans les arrivages et par suite les mauvaises ventes.

L'emballage soigné est à recommander, et nous entendons ainsi une enveloppe propre, de contenance bien définie, suffisamment résistante, avec un contenu uniforme, bien homogène.

La nécessité de trier les tubercules, surtout ceux de primeur, en gros, moyens, petits, d'écarter tous tubercules difformes, malades, abîmés et ceci en vue de les présenter dans de bonnes conditions n'est plus à démontrer.

Il y aurait pour notre commerce un très gros intérêt à « standardiser » l'emballage et à créer des marques destinées à faire prime sur le marché.

Ces considérations sont vraies également, mais peut-être d'une manière moins frappante pour les pommes de terre de grosse consommation. L'habitude d'expédier en vrac ou en wagons ne doit pas exclure la nécessité de bien trier et de soigner méticuleusement la marchandise. Il existe aujourd'hui des trieurs susceptibles de cribler, sans les déchirer, de grandes quantités de tubercules. Si ces machines ne sont pas absolument parfaites, elles peuvent à l'heure actuelle rendre de grands services à nos négociants de gros, de demi-gros, ainsi qu'à nos producteurs importants ou groupés en coopératives.

Des soins minutieux doivent être donnés en outre aux tubercules en vue de leur assurer une bonne conservation en attente de l'expédition et de la vente.

Nous parlerons peu des méthodes de vente actuelles.

Le moins que l'on puisse dire est qu'elles ne sont pas toujours très rationnelles et que des réformes s'imposeraient en vue de leur simplification depuis l'achat au champ, à la ferme ou à la gare jusqu'à la vente sur le marché urbain.

Souhaitons que dans un avenir prochain l'agriculteur et le commerçant s'associent et que des organismes au rôle bienfaisant assurent plus de sécurité aux uns et aux autres dans les transactions, sans que pour cela le consommateur soit appelé à faire les frais de cette entente.

Nous terminerons en présentant le vœu suivant au Congrès : « *Le Congrès appelle l'attention des agriculteurs et des négociants :*

1° Sur l'intérêt que présente le triage des tubercules elon des types commerciaux bien déterminés devant faciliter les transactions entre producteurs et négociants ;

2° Sur l'emballage bien conditionné, notamment quand il s'agit de pommes de terre potagères destinées aux marchés lointains ;

3° Sur l'intérêt que présentent les marques commerciales particulièrement affectées aux produits des Coopératives et Syndicats d'exportation. »

Adopté.

LA VENTE DES POMMES DE TERRE AUX PAYS-BAS PAR LES ASSOCIATIONS AGRICOLES

Par M. SEVENSTER.

Conseiller d'Agriculture de l'Etat Néerlandais en France.

La Hollande, où plus de la moitié des terres agricoles sont des prairies permanentes, est avant tout un pays d'élevage. Cependant elle possède une agriculture qui à plusieurs points de vue mérite l'attention.

Depuis la dernière crise agricole, la culture des céréales a été de plus en plus abandonnée pour céder la place aux plantes sarclées. Pays de petite culture, c'est la pomme de terre qui y a pris l'extension la plus considérable. Dans certaines régions le produit financier de l'agriculture dépend presque entièrement de la réussite de la pomme de terre. Il existe de même des communes où la moitié de terres labourables est destinée à cette production.

Dans notre pays en 1922, le nombre d'hectares de pommes de terre était évalué à 185.000., soit plus d'un cinquième de toutes les terres labourées, étendue qui n'était dépassée que par celle du seigle, produit des terres peu fertiles. Dans la province de Frise, centre agricole des plus importants, 40 °/₀ des terres labourables sont destinés à la culture de ce tubercule.

Le temps me ferait certainement défaut, si je voulais vous parler de toutes les mesures qui ont été prises aussi bien par les Sociétés d'Agriculture que par le Gouvernement, pour favoriser cette culture si intéressante. Depuis de longues années les champs d'expérience ont donné des indications sur la manière d'obtenir les plus grands rendements en choisissant les meilleures variétés et en appliquant des engrais appropriés.

Les travaux de croisement, effectués par un petit nombre de sélectionneurs, ont donné des résultats très heureux. Actuellement leurs meilleures variétés sont cultivées dans tout le pays et même au-delà de nos frontières, notamment en Belgique et dans le Nord de la France, où elles sont très appréciées.

En vue de la production d'une semence saine et vigoureuse, nos Sociétés d'Agriculture ont organisé des services de « contrôle des récoltes sur pied » qui ont trouvé dans le monde agricole toute l'estime qu'ils méritent. L'usage d'une semence contrôlée devient de plus en plus la règle.

Grâce à l'appui moral du Gouvernement, ces divers services de contrôle se sont groupés dans un « Comité Central pour l'inspection des récoltes sur pied » qui a la mission de compléter et d'unifier les méthodes de travail.

Il y a lieu de rappeler encore que le « Comité Central » a organisé en 1922 les « Journées de la pomme de terre », où certaines questions intéressant cette culture, ont été étudiées par nos spécialistes et discutées par des centaines de praticiens, venus de tous les côtés du pays. On se propose de renouveler ce Congrès tous les deux ans. Cet été il sera organisé pour la deuxième fois.

Le Gouvernement néerlandais jugeant que les questions si complexes existant encore sur ce terrain demandent une solution rapide, a créé il y a deux ans à l'Université agricole de Wageningen, un Institut pour la culture de la pomme de terre. Placé sous la direction du professeur Quanjer, il dispose de fermes expérimentales, entièrement réservées à ces recherches.

Les questions de la dégénérescence et de la sélection seront traitées ici par des savants aussi distingués que MM. Ducomet et Foëx. Je n'ai donc pas besoin de vous donner de plus amples renseignements à ce sujet. Il en est de même, en ce qui concerne les méthodes de sélection, appliquées depuis de longues années par nos cultivateurs.

Production. — Avant de vous exposer les méthodes de vente et le rôle qu'ont joué les coopératives de producteurs, je désire vous donner encore quelques indications sur la production totale des pommes de terre et sur la partie qui en est destinée à l'exportation.

La pomme de terre hâtive qui occupait plus de 20.000 hectares, est cultivée surtout dans certains centres plutôt horticoles. Il y aurait cependant d'autres régions à mentionner où elle est pratiquée sur une grande échelle dans la moyenne culture agricole. Il faut tenir compte ici du fait que les exploitations de 100 hectares sont déjà très rares dans notre pays. Une partie importante des pommes de terre nouvelles est exportée en Angleterre et en Allemagne.

La culture de la pomme de terre pour la féculerie est presque entièrement limitée aux « colonies tourbières », situées dans le Nord-Est des Pays-Bas. Il y a quelques siècles ces terrains couverts d'une épaisse couche de tourbe, n'avaient aucune valeur. Après qu'on eut enlevé ce combustible, les sous-sols sablonneux furent mélangés avec la couche supérieure de la tourbe, précédemment mise de côté. De cette façon on a obtenu des terres qui, quoique pauvres, sont d'une structure excellente. Par l'emploi d'engrais chimiques en quantités énormes sans aucun fumier d'étable, ces terres donnent les plus forts rendements en pommes de terre du pays. La production moyenne à l'hectare est de 400 HL., tandis que l'on constate fréquemment des rendements de 600 HL. à l'hectare. Les 28.000 HA. de pommes de terre à fécule produisent 11 millions d'hectolitres, ce qui représente la cinquième partie de notre production totale.

La plupart de ces pommes de terre qui sont à chair blanche, constituent la matière première des nombreuses féculeries, établies dans cette région. Suivant les années une quantité plus ou moins importante est exportée dans des centres industriels en Allemagne et en Belgique.

Les pommes de terre tardives, destinées à la consommation humaine forment le plus grand contingent de notre production totale. Elles sont cultivées aussi bien dans les fertiles terres argileuses qui bordent la mer que dans les régions sablonneuses à l'intérieur du pays. Mais ce sont les produits de la première provenance qui ont la plus grande valeur.

En 1922, plus de 164.000 HA. de pommes de terre de consommation avaient été plantés, produisant au total 46 millions d'hectolitres, soit 320.000 wagons de 10.000 kg.

La plus grande partie de cette production fut consommée à l'intérieur du pays où la pomme de terre constitue le plat principal de la cuisine nationale. L'exportation s'élevait à 30.000 wagons, chiffre intéressant mais largement dépassé l'année précédente, quand 50.000 wagons furent vendus à l'étranger.

Parmi les débouchés les plus importants figurent à côté de la Belgique, l'Allemagne, l'Angleterre et de temps en temps aussi la France.

Il est encore à remarquer que le nombre de variétés cultivées est très limité, notamment dans les régions où la culture s'est de plus en plus perfectionnée. Parmi les pommes de terre hâtives c'est la « Eerstelingen » et la « Schoolmeesters » qui tiennent la plus grande place, tandis que la « Thorbecke » est une des pommes de terre à fécule les plus cultivées. Parmi les variétés mi-hâtives et tardives je me bornerai à citer la « Eigenheimer », la « Roode Star » et la « Bravo », trois produits du sélectionneur bien connu M. Veenhuizen de Sappemeer. Ces variétés ont été importées en France sous divers noms, comme « Hollande », « Etoile rouge » etc.

Dernièrement plusieurs nouvelles variétés ont été mises sur le marché, mais jusqu'à présent aucune d'elles n'a fait preuve de pouvoir remplacer nos meilleures sortes. En outre, l'introduction de nouvelles variétés est toujours plus ou moins contrariée par le commerce qui préfère les variétés connues qui se vendent plus facilement.

Commerce. — Le commerce des pommes de terre est surtout caractérisé par les faits suivants.

La pomme de terre est un produit de trop faible valeur pour pouvoir supporter les frais d'un transport au marché central et au besoin d'un retour à la ferme. Elle ne peut pas être mise en magasin en grandes quantités, mais doit être conservée par le cultivateur. Exception faite de la pomme de terre hâtive qui a besoin d'une vente et d'une consommation assez rapides après la récolte, le produit doit être livré dans le courant de l'hiver.

Vu encore la difficulté de prendre un bon échantillon moyen, on ne peut être étonné que la vente de la pomme de terre se fasse en général à la ferme à des commissionnaires parcourant le pays. Le cultivateur en général plus ou moins renseigné sur les cours du marché, est ainsi placé dans une situation moins favorable. D'autres désavantages ont été constatés. Par exemple si les prix avaient baissé au moment de la livraison, de temps à autre des marchands peu scrupuleux annulaient la transaction ou bien, posaient des conditions concernant la qualité, le triage, le nettoyage et la mesure, auxquelles il était très difficile sinon impossible de satisfaire. D'autre part, c'étaient parfois les cultivateurs qui abusaient d'une situation favorable, créée par un marché en hausse. Ici se fait sentir la difficulté de définir d'une façon précise la qualité du produit.

Ensuite le marchand se trouve presque toujours dans l'impossibilité de payer assez bien un produit bien présenté, du fait que les produits de plusieurs provenances doivent être mélangés dans le bateau servant au transport. Enfin, seul le producteur a toujours intérêt au prix le plus élevé, tandis que le marchand s'intéresse en premier lieu à la différence entre ses prix d'achat et de vente.

Coopératives industrielles et coopératives de vente. — La coopérative de vente pourrait améliorer cette situation. Pour les pommes de terre à fécule, les pommes de terre hâtives et les plants de pommes de terre, une organisation semblable a été créée. Mais en ce qui concerne le produit de grosse consommation, elle n'a obtenu jusqu'à présent qu'une extension très restreinte. Ce sont les propriétés toutes spéciales de ce commerce que je viens de vous indiquer, qui l'ont empêchée de se développer sur ce terrain. La coopérative de vente réussit le mieux, quand il s'agit de produits d'un écoulement constant et facile dont les qualités se laissent définir sans trop de difficultés et qui peuvent être payés d'après leur valeur d'une façon assez précise. Ceci est d'abord le cas avec les pommes de terres de féculerie.

Autrefois tous ces produits étaient achetés par les fabricants de fécule. Ceux-ci ayant le monopole d'achat, les transactions qui se faisaient d'après la teneur en fécule, donnaient lieu à des discussions de toute nature. Je n'aurai pas besoin de vous expliquer toutes les phases de ce combat, il suffit de dire que les cultivateurs ont trouvé la solution la plus logique en se faisant propriétaires de féculeries. En ce moment 20 des 33 féculeries, existant dans le pays, sont entre les mains des cultivateurs réunis. Pendant les derniers mois de 1922 nos féculeries coopératives ont travaillé 63.000 wagons de pommes de terre, soit plus des 2/3 de la production totale. Un bureau central se charge de la vente de la fécule qui est exportée pour la plus grande partie. Les féculeries réunies s'occupent également de la vente de pommes de terre destinées à la consommation. Le point le plus important dans ces organisations est le règlement de la responsabilité des membres envers la coopérative et la condition, maintenue rigoureusement, de livrer toute leur production.

Pour les pommes de terre hâtives on a retrouvé la même solution que pour les autres légumes. Elles sont vendues aux soi-disant « Veilingen », des marchés aux enchères, institués par les associations des producteurs. Par cette organisation le commerce des pommes de terre nouvelles a été placé également sur des bases plus rationnelles.

La société organisatrice du marché est propriétaire d'une salle de vente et d'autres bâtiments où l'administration est installée. Ces locaux arrangés d'une manière très perfectionnée avec des appareils électriques qui permettent une vente très rapide et régulière. Souvent les produits sont amenés par bateaux qui entrent dans la salle de vente l'un après l'autre et passent devant le cadran sur lequel les prix de vente sont indiqués par une aiguille.

Les principaux avantages de cette organisation pourraient être résumés ainsi :

1° Le cultivateur reçoit un prix établi par la libre concurrence au marché.

2° Il est payé un ou quelques jours après le jour du marché.

3° Il est libre de choisir le moment de la récolte et peut livrer même la plus petite quantité, ce qui est un avantage, parce que souvent les autres travaux de la ferme ne permettent pas de destiner tout le personnel à la récolte des pommes de terre.

4° La Société établit un règlement comprenant des clauses concernant la façon de traiter, l'emballage et la préparation du produit. Les produits qui ne peuvent donner entière satisfaction, sont refusés. En outre un système d'amendes est prévu pour les cas où une des parties ne se conformerait pas au règlement. Des contrôleurs, nommés par la Société, sont présents à chaque instant pour constater toute dérogation.

De cette façon le cultivateur est suffisamment protégé, tandis que la qualité des produits, leur triage et leur emballage subissent une amélioration constante. Les Sociétés ont institué des marques de commerce, pour la plupart bien connues sur les marchés mondiaux.

Il y a quelques semaines un contrôle sur les légumes et les pommes de terre, destinés à l'exportation, a été institué par nos associations nationales du cultivateur et des marchands-exportateurs.

Autrefois les pommes de terre étaient traitées par hectolitre, ce qui donnait lieu à des discussions fréquentes. Maintenant la vente se fait en règle générale par 70 ou 100 kg.

Pour être certain d'un marché régulier et bien approvisionné, les membres sont tenus à vendre tous leurs produits à la criée de la Société. Celle-ci obtient l'argent nécessaire au fonctionnement de ce service par un impôt sur le prix de vente. Les nouveaux membres sont engagés à verser une petite somme à la caisse.

Comme je le disais tout-à-l'heure, ces marchés sont généralement destinés en même temps à la vente des autres légumes. Toutefois, surtout dans le Nord de la Frise, où l'horticulture n'a qu'une moindre importance, il existe des criées exclusivement pour la vente des pommes de terre nouvelles. Ici les mêmes avantages ont été obtenus.

Jusqu'à présent la plupart des pommes de terre de grosse consommation ne sont pas traitées de cette façon-là. Dans le Nord du pays il existe bien quelques coopératives de vente pour cette catégorie de pommes de terre, qui ont réussi malgré une lutte acharnée avec le commerce, mais la plupart des récoltes sont encore vendues directement aux marchands. La vente à la criée coopérative n'a pas été appliquée non plus.

J'ai déjà indiqué plus haut que la nature toute spéciale de cette marchandise en est la cause principale. Dans la Frise il existe une coopérative de vente qui a vendu une de ces dernières années près de 4.000 wagons de pommes de terre de consommation, pour une valeur de 3 millions de flo-

Cliché *Agriculture Nouvelle*.

Fig. 11. — Chargement des pommes de terre d'une coopérative de vente à Harlingen (Frise) en vue de leur exportation.

rins. Son but est d'améliorer la livraison et le triage. Bien que le chargement en vrac, en wagon ou en bateau soit la manière la plus pratiquée, elle fait aussi expédier en caisses ou en sacs de toute contenance. Pour être certain de la fidélité de ses membres, le règlement prévoit des amendes considérables pour les cas où ceux-ci vendraient une partie de leur récolte autrement que par l'intermédiaire de la coopérative.

Le nombre de ces coopératives est resté encore trop petit. Pour améliorer la situation, les syndicats du commerce de la pomme de terre d'accord avec les agriculteurs, ont commencé à établir des règlements d'après lesquels les ventes se font.

Enfin quelques mots sur le commerce des pommes de terre de semence, qui donne déjà lieu à une exportation très intéressante. En 1922, l'exportation des plants de pommes de terre s'élevait à 650 wagons, presque entièrement destinés à la Belgique et la France.

Depuis une vingtaine d'années des services de contrôle des récoltes sur pied sont organisés par les Sociétés d'Agriculture, en vue de la production d'une semence donnant des garanties de santé et de pureté. Pour compléter ces mesures, certaines Sociétés ont groupé les producteurs dans des coopératives de vente. Cette organisation a donné les meilleurs résultats. Les produits sont vendus directement aux cultivateurs et à d'autres syndicats qui obtiennent ainsi toutes les garanties qu'ils pourraient désirer. La livraison se fait en sacs plombés dans lesquels se trouve le certificat, délivré par le « Comité Central » dont je vous parlais tout à l'heure. L'achat de plants de pommes de terre est avant tout une question de confiance, ce qui fait que tout intermédiaire superflu est indésirable.

De plus la pomme de terre de semence est un produit qui est classé d'après les chiffres obtenus à l'inspection sur pied et qui est payé d'après sa valeur intrinsèque. Ce sont précisément les conditions pour la réussite d'une coopérative de vente.

Le vœu suivant présenté est adopté :

« Le Congrès prend acte du rapport si documenté de M. le Conseiller d'Agriculture Severster et l'en remercie, appelle l'attention de nos Agriculteurs sur les efforts réalisés en Hollande en vue de l'amélioration des conditions de la production et de la vente de la pomme de terre ».

LES VARIÉTÉS DE POMMES DE TERRE

Evolution. Aptitudes culturales. Valeurs alimentaire, commerciale, industrielle.
Choix des meilleures variétés pour divers usages.

Par S. MOTTET,

Ancien chef des cultures expérimentales
de la maison Vilmorin Andrieux et Cie à Verrières-le-Buisson.

Généralités. — Il serait peut-être superflu de prendre l'historique des variétés de Pommes de terre, d'ailleurs assez obscure, à l'origine des premières obtentions, mais il peut être intéressant de jeter un coup d'œil en arrière pour se rendre compte de l'évolution de cette solanée si précieuse que sa valeur alimentaire la place aujourd'hui immédiatement après le blé.

Deux documents nous fournissent une excellente base pour juger l'amélioration que représente le nombre considérable des variétés qui ont été successivement obtenues au cours d'un peu plus d'un siècle.

Le premier est le « *Catalogue de la collection de Pommes de terre réunie par la Société centrale d'Agriculture de Paris* » (aujourd'hui *Académie d'Agriculture*) publié par ses soins en 1815. Cette collection fut confiée, cette même année, aux soins de la Maison Vilmorin-Andrieux et Cie qui, depuis cette époque, l'a constamment (sauf en 1818) cultivée dans son établissement de Verrières-le-Buisson.

Ce catalogue énumère déjà 110 variétés et de nombreux synonymes. Elles y sont classées en douze sections basées sur la forme et la couleur des tubercules. La plupart des variétés obtenues depuis cette époque a passé dans cette collection et sinon survécu, du moins laissé des traces de leurs caractères, similitude et aptitudes culturales ; nous en indiquerons plus loin le nombre quelque peu surprenant. Au commencement du présent siècle, il existait encore une dizaine des variétés datant de 1815 et beaucoup d'autres également fort anciennes. Les ravages des maladies de dégénérescence l'ont tellement appauvrie durant les dernières décades qu'elle ne renferme plus que 400 variétés environ et parmi les vénérables de 1815 nous avons : *Bonne Wilhelmine, Marjolin, Shaw* ou *Chave* et *Vitelotte*, ces trois dernières encore assez largement cultivées de nos jours.

D'autres, quoique moins anciennes, ont un âge encore respectable, eu
égard à la popularité dont elles jouissent encore, notamment : la *Pousse
debout*, qui remonte à 1847 ; la *Jaune ronde hâtive* à 1851, la *Chardon* et la
Quarantaine de la halle (dite Hollande) sont cultivées depuis 1851, la
Blanchard depuis 1859 et la populaire *Saucisse* depuis 1867.

Le deuxième document auquel nous avons fait allusion plus haut est
le « *Catalogue méthodique et synonymique des variétés de Pommes de
terre* », établi d'après la collection précitée par M. Henry L. de Vilmorin,
en 1880, et dont la troisième édition, refondue et augmentée par son fils
Philippe, remonte à 1902. Ce catalogue énumère plus de 1.000 variétés
admises comme distinctes et de nombreux synonymes, auxquelles il faudrait ajouter plusieurs centaines de variétés apparues depuis 1902. Ces
variétés sont classées en 40 sections établies par M. Henry L. de Vilmorin
et basées sur l'ensemble des caractères que fournissent le tubercule et la
fleur.

En rapprochant ces deux listes, on voit, successivement apparaître
plus de 1.000 variétés, au cours d'un siècle. Mais le catalogue Vilmorin
n'énumère pas toutes celles qui ont été obtenues, puisqu'il est limité aux
variétés introduites et classées dans la collection de Verrières. Depuis
1902, date de la dernière édition, plusieurs centaines de variétés et dans
ces dernières années beaucoup de variétés anglaises résistant à la Galle
noire, dont plusieurs, notamment *Great Scot*, se répandent actuellement
chez nous. Il n'est donc pas exagéré d'évaluer le total des variétés obtenues à plus de 1500, nombre qui n'a de comparable que celui des variétés
de blé, dont le catalogue a été également établi sur les mêmes bases sys-
tématiques par M. H. L. de Vilmorin, montrant par là le rôle prépondérant
de ces deux plantes alimentaires qui se complémentent en quelque sorte.

Au cours des temps passés, et de nos jours encore la pomme de terre
n'a cessé d'évoluer, mais moins peut-être qu'on ne serait tenté de le
croire, si l'on se reporte à l'état des variétés existant en 1815. Sans doute,
les Anglais ont produit des variétés de plus en plus remarquables par
la forme, régulièrement ronde, mais surtout ovale ou obovale (Kidney) des
tubercules, ayant des yeux petits, superficiels, la peau lisse et fine et la
chair blanche le plus souvent. Un de leurs spécialistes, M. Taylor, a même
critiqué la sélection continuelle en ce sens qu'elle était susceptible de
rendre ces variétés plus sensibles à l'influence des maladies de dégénérescence, par suite de l'infection du système vasculaire et de la réduction
de la diastase. Selon lui, les variétés à tubercules ronds et yeux plus ou
moins creux, tels que la vieille *Chave* la *Chardon*, la *Merveille d'Amérique*,
etc. offriraient une plus grande résistance.

Les Allemands ont produit avant guerre et depuis, principalement
des variétés de grande culture, à rendement élevé, tel que la *Géante bleue*
ou très riche en fécule, comme l'*Impérator* et ses similaires qui ont joui
chez nous d'une grande popularité comme variétés industrielles, mais
dont l'importance s'est trouvée notablement réduite par les tristes évé-
nements que l'on sait et les hauts prix qui en ont été la conséquence.

Actuellement, d'autres variétés, plus riches encore, telles que *Cité blanche Ursus*, *Beseler*, qui renferment parfois plus de 20 % de fécule, les remplaceront lorsque la culture pourra être reprise pour l'industrie.

Des variétés très hâtives, telles que la *Royale l'Express*, la *Belle de Fontenay* ont été obtenues, dont la précocité ne dépasse pas celle de la *Marjolin*, mais qui ont cet avantage considérable d'être plus robustes et plus productives.

Sauf pour la Galle noire, dont les Anglais ont rapidement triomphé, rien d'important n'a été réalisé en ce qui concerne la résistance à la funeste maladie causée par le *Phytophthora*, ni encore à l'égard des maladies de dégénérescence dont plusieurs, il est vrai, étaient ignorées ou imparfaitement connues jusqu'ici. Nous devons donc rendre hommage aux savants qui se sont consacrés à l'étude ingrate de ces affections, notamment à nos compatriotes MM. Foëx et Ducomet, ici présents.

La couleur de la chair et surtout sa teneur en fécule et en protéine (matières azotées) méritent de retenir notre attention, parce que, de la quantité relative de ces deux substances, dépend leur valeur alimentaire. On sait qu'en France les variétés à chair jaune et ferme sont préférées, tandis qu'à l'Étranger, en Angleterre, notamment, celles à chair blanche et fondante sont les plus estimées. A ce point de vue des expériences poursuivies en Angleterre durant la guerre par le professeur Johnson ont confirmé ce qu'avait, je crois déjà, démontré M. Bussard il y a longtemps, à savoir que les variétés à chair jaune sont, en général, plus riches en protéine et par conséquent plus nutritives que celles à chair blanche. Il se trouve même que la quantité de matières azotées est généralement, en raison inverse de la teneur en fécule ; autrement dit, plus grande est cette dernière, plus faible est la teneur en protéine. C'est ainsi que la *Belle de Fontenay* renfermerait 11,05 % de fécule et 2,77 % de protéine brute et la *Quarantaine de la Halle* respectivement 13,35 % et 2,47 %, tandis que l'*Impérator* contiendrait 19,33 % de fécule et seulement 1,64 % de protéine.

Il s'en suit donc que les variétés de grande culture dont les fermiers s'alimentent et que certaines personnes préfèrent même pour la soupe et les purées, parce qu'elles se délitent mieux à la cuisson, sont moins nutritives que celles à chair jaune. Nos préférences pour ces dernières nous auraient ainsi portés vers les meilleures au point de vue alimentaire.

Ajoutons encore que nos observations personnelles nous portent à croire que la conservation hivernale des tubercules est probablement dépendante de faits du même ordre. Les variétés féculières semblent, en effet, bien plus sensibles à la pourriture que celles à chair jaune. Ces dernières et surtout les hâtives qui sont particulièrement riches en protéine, cicatricent aisément les plaies accidentelles résultant de l'arrachage et peuvent être sectionnées longtemps avant la plantation, tandis que les tardives à chair blanche et en particulier les féculières pourrissent le plus souvent lorsque meurtries à l'arrachage ; il est dangereux de procéder au sectionnement des plants longtemps avant la plantation et il en pourrit souvent un certain nombre en terre.

On ne sait que peu de chose sur l'adaptation des variétés aux différents sols et climats. La *Merveille d'Amérique* a longtemps prospéré dans
les terres granitiques du Charolais, l'*Early rose* est très répandue dans le
Sud-Ouest, l'*Institut de Beauvais* dans le Midi, la *Saucisse* en Bretagne,
mais elle ne vaut rien pour le Midi, sans doute parce que trop tardive et
souffrant peut-être plus que les autres de la sécheresse au moment de sa
tubérisation, tandis que l'*Early rose* y échappe, en raison de sa précocité.
Il y a peut-être là un indice à retenir en faveur des variétés tout au plus
demi-tardives pour les régions chaudes et sèches.

Il ne semble pas douteux que les variétés de pommes de terre présentent encore beaucoup d'autres aptitudes qu'il y aurait grand intérêt à
connaître car, du défaut d'adaptation aux conditions du milieu, résulte
toujours une diminution du rendement et probablement aussi un affaiblissement de la vigueur de la variété donnant prise aux maladies. Pourquoi,
d'ailleurs, en serait-il autrement des variétés de Pommes de terre que de
celles des autres plantes cultivées, le Blé notamment ? Tous les cultivateurs tiennent grand compte des aptitudes des variétés, qui sont, on le sait,
très diverses.

Choix des variétés. — En cherchant à se rendre compte du nombre
des variétés plus ou moins largement cultivées en France, on arrive péniblement à la centaine et ce nombre doit être notablement réduit en ce qui
concerne les variétés courantes, celles de ferme, en particulier. Quoique
élevé, ce nombre s'explique du fait de l'attachement des cultivateurs aux
variétés les plus connues, à celui de quelques variétés anciennes ou locales
qui persistent dans diverses régions, enfin à celui des nombreuses variétés
nouvelles que l'on introduit constamment.

Devant l'impossibilité où nous nous trouvons d'énumérer toutes les
variétés existant actuellement dans les cultures françaises, nous nous bornerons à indiquer les plus répandues et les plus recommandables. Dans
ce but nous ne saurions mieux faire que de nous limiter à celles qui figurent sur la liste commerciale de la Maison Vilmorin-Andrieux et Cⁱᵉ,
sur lesquelles nous sommes, d'ailleurs, les mieux documentés.

Nous devons à l'obligeance de la Maison Vilmorin-Andrieux & Cⁱᵒ la
permission de publier ici le résumé des notes et observations des nombreuses expériences qu'elle poursuit chaque année dans son établissement
bien connu de Verrières-le-Buisson, ainsi que les résultats des analyses
faites dans son laboratoire. Nous lui en exprimons nos bien vifs remerciements.

VARIÉTÉS POTAGÈRES

Il est bien difficile, de nos jours, de distinguer les pommes de terre
potagères de celles fourragères, car on vend dans les grands centres, pour
l'alimentation, les variétés les plus diverses sans égard à leur qualité et
l'on entend parfois des personnes faire l'éloge de variétés fourragères à

chair blanche ou même de féculières, parce qu'elles se délitent dans la soupe et font facilement de la purée.

La populaire Hollande (vocable sous lequel passent plusieurs variétés, telles que la *Royale*, la *Belle de Fontenay*, la *Quarantaine de la Halle*, la *Rosa*, dite *Hollande rouge*), reste néanmoins le type de la Pomme de terre de table préférée en France, parce qu'à chair bien jaune fine, ferme et d'excellente qualité, mais à rendement relativement faible et dont le prix reste par suite notablement plus élevé que celui des autres variétés·

Sous le nom de *Pomme de terre jaune ronde*, on désigne un type représenté par diverses variétés l'*Industrie* (la plus répandue) la *Shave* la *Géante sans pareille*, la *Jaune d'or* et même encore la *Chardon* et l'ancienne *Saint-Jean* caractérisées non seulement par leurs tubercules ronds et jaunes, mais encore et surtout par leur chair jaune, fine et très nutritive qui constituent un groupe de variétés de grande importance par leur bonne conservation et leur consommation hivernale, dont la culture est très répandue dans le Centre. Dans l'Ouest, la *Saucisse* les remplace, peut-être même avantageusement, car elle est le type parfait à tous points de vue de la Pomme de terre de grande consommation, très populaire et qui fait toujours prime sur le marché parisien.

Ajoutons enfin que, dans l'assortiment des pommes de terre de table, les variétés hâtives et demi-hâtives tiennent une large place, dans les potagers privés aussi bien que dans les cultures de primeur et au voisinage des grands centres, en raison du débouché illimité et des prix élevés qu'elles réalisent. Aussi bien, les variétés en sont-elles nombreuses, les nouveautés toujours bien accueillies et la demande de bons plants considérable. Voici les principales.

Variétés Hatives.

Marjolin (Anglaise 1815). — C'est la doyenne des hâtives et encore la plus précoce et la mieux adaptée à la culture sous châssis en raison du peu de développement de ses fanes et de ses tubercules tout à fait ramassés à la bases des tiges, mais il devient de plus en plus difficile de s'en procurer des plants vigoureux ; elle boule fréquemment lorsqu'elle n'est pas germée avant la plantation.

La Marjolin Têtard (France, 1858). — En partage bien les caractères et lui est souvent substituée, mais elle est plus développée, plus tardive et plus productive.

Royale ou Anglaise *Royal Ash leaved Kidney* Angl. 1806 ? Aurait été obtenue en 1806, mais sa culture en France ne semble pas remonter au delà de 1875. Excellente variété robuste et très précoce et des plus estimée aussi bien pour la culture sous châssis que pour celle en pleine terre. On la plante presque toujours germée.

La Mayette (Maytt's Prolific) n'en diffère pas.

Belle de Fontenay (*Hénaut*), d'origine obscure, ne remontant pas au delà de 1875, elle se distingue de la *Royale* par ses tubercules un peu arqués et à yeux parfois bosselés ; la chair en est très fine et de qualité supérieure ; sa précocité et ses aptitudes au forçage sont les mêmes ; elle serait résistante à la Galle noire.

Express (Anglaise 1906). — Distincte des précédentes par sa chair blanche et ses germes roses ; très bonne variété robuste et très précoce en même temps que très productive et convenant aussi bien à la culture forcée qu'à celle en pleine terre ; elle semble enfin peu sensible à la dégénérescence.

Victor (*Scharpe*'s-Anglaise, vers 1890), distincte des précédentes par ses tubercules ovales et déprimés et sa chair presque blanche ; c'est également une bonne variété très hâtive et productive, mais paraissant sensible à la dégénérescence.

Idéal et Eerstelingen (Hollande, 1922-23), sont deux variétés toutes nouvelles et paraissant fort voisines, dont les tubercules sont ovales, à germes roses et chair jaune. Encore imparfaitement connues, elles paraissent précoces, très productives et fort intéressantes pour la grande aussi bien que pour la petite culture. Des quantités importantes ont été importées cette année même.

Le Duc d'York (Anglaise 1891) qui est plus ancienne en serait très voisine et partagerait ces mêmes mérites.

Dargill Early. (Anglaise vers 1920). — Voisine et présentant les mêmes caractères que les deux précédentes, cette nouvelle variété, quoique un peu plus tardive, semble très intéressante par ses gros et beaux tubercules, presque sans petits, jaunes, bien lisses, un peu en Kidney et à chair jaune pâle. Elle murit en fin août.

Eclips (1897) dont il a existé plusieurs formes, *Witch Hill* (1910), sont des variétés anglaises peu répandues chez nous et plus ou moins précoces. *Epicure* (1897) est une des plus estimées dans les parties de l'Angleterre à climat doux où l'on fait de la Pomme de terre de primeur en pleine terre... Toutes sont à chair blanche.

VARIÉTÉS DEMI-HATIVES

Abondance de Montvilliers (*Borgher, Eigenheimer, Om Paul*. — Hollande, vers 1908). — Excellente variété robuste et surtout très productive, à tubercules oblongs, chair bien jaune, restant très ferme à la cuisson, de bonne conservation et paraissant très résistante à la dégénérescence. Très répandue et estimée comme variété de demi-saison.

Belle de juillet (*Juli*. Allemande, vers 1890. *Immune Ashleaf*, des Anglais). Se distingue de la précédente par ses tubercules longs, en Kidney et à chair également jaune. C'est une excellente variété de table très productive lorsque le plant est sain, qui possède le grand mérite d'être très résistante à la galle noire.

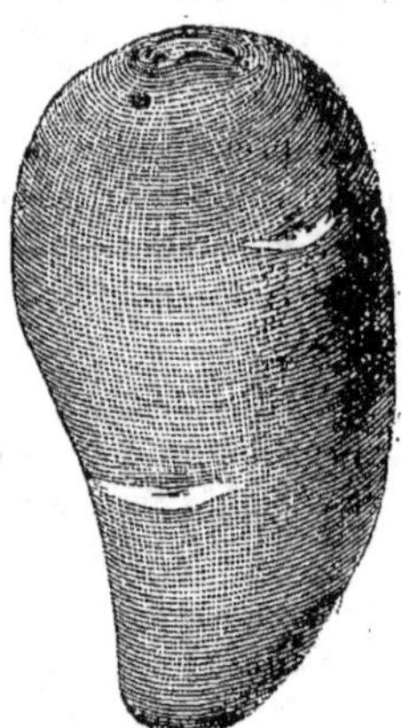

FIG. 12. — Belle de Juillet.

FIG. 13. — Saucisse.

Fluke Géante (*Saint-Malo*. Origine obscure, vers 1890). — Très voisine, sinon identique à la *Géante de Reading* (Angl. 1890). — Variété très largement cultivée dans l'Ouest, aux environs de Paris et se répandant beau-

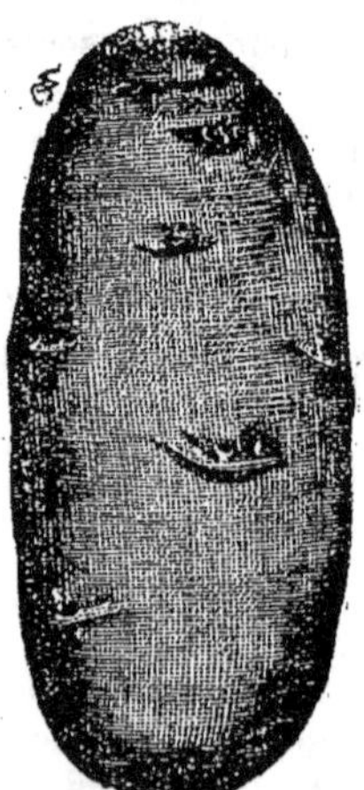

FIG. 14. — Early rose hâtive.

FIG. 15. — Hollande.

Clichés *Vilmorin*.

coup à raison de sa précocité relative et surtout de son très grand rendement. Ses tubercules sont oblongs, gros, lisses et à germes roses, sa chair est blanche, tendre et aqueuse ; elle renferme 16 à 18 °/₀ de fécule et seulement 1, 2 % de protéine, mais elle possède le grand mérite d'être résistante à la galle noire. Il s'en livre de grosses quantités aux Halles de Paris, en fin août-septembre, avant complète maturité

Early Rose (Amérique, vers 1870). — Très répandue et estimée, surtout dans le Sud-Ouest, pour sa précocité relative, sa robusticité et sa grande productivité lorsqu'elle est saine. Sa chair est blanche, tendre et aqueuse ; elle renferme 16 à 17 °/° de fécule, mais seulement 1, 1°/₀ de protéine et par conséquent peu nutritive. La *Early*, des cultivateurs, ne convient pas pour la consommation hivernale, parce qu'elle se ride, devient flasque et germe en outre rapidement.

VARIÉTÉS DEMI-TARDIVES

Quarantaine de la Halle ou de Noisy (France, vers 1859). — C'est le type de la Hollande à tubercules en amande, chair bien jaune fine et ferme, ne se délitant pas à la cuisson, germes roses et fleurs colorées, mûrisant en septembre. Variété de bonne conservation et d'excellente qualité, avec laquelle passent plusieurs autres variétés du même type, sous la désignation de Hollande. Elle offre le grand avantage d'être résistante à la galle noire.

Roi Edouard (*King Edward VII th.*). Anglaise, vers 1900). — Variété notable par la beauté de ses tubercules en savonnette, régulièrement lisses, à peau très fine, panachée de rouge au sommet et à chair blanche. Elle a été cultivée durant la guerre pour l'approvisionnement des Halles. Sa production est grande lorsque saine, mais elle est très sensible à la dégénérescence.

Katie Glower (Anglaise, vers 1920) est une nouvelle variété du même genre mûrissant en septembre, probablement plus robuste, bien productive, à gros germes tardifs et présentant le grand avantage d'être résistante à la galle noire. Elle est en outre très riche en fécule, 20-21 %

Kidney à chair blanche *(Royal Kidney, Queen Mary.* — Anglaise, vers 1900). — Cette variété, à tubercules régulièrement oblongs et lisses, à chair blanche ou parfois un peu jaunâtre, germes roses et fleurs blanches, s'est répandue en France durant la guerre en raison de sa grande production qui peut s'élever jusqu'à 1 k. 250 et plus par touffe. Elle mûrit en septembre.

Princesse (Allemande, vers 1872). — Variété d'amateur et très distincte par ses tubercules très longs, arqués souvent renflés au sommet et lui donnant la forme d'un doigt, dont la chair est jaune et extrêmement fine.

Triomphe (Scottish Triumph. Anglaise, vers 1900). — Variété notable par ses beaux tubercules ovales, lisses, à chair blanc jaunâtre, germes roses et fleurs colorées, aujourd'hui peu cultivée, quoique très productive lorsque saine.

Pousse debout (Fra   ?, vers 1847). — Cette variété, qui remplace avec quelques autres, notamment la *Rosa*, l'ancienne *Hollande Rouge*, est, en effet, à tubercules longs et très rouges, parfois pointus et à chair très jaune, fine, ferme et d'excellente qualité. Bien que sa production soit un peu faible, elle est néanmoins estimée et cultivée par les amateurs en raison de sa très bonne qualité comme pomme de terre à frire ou à salade.

Rosa (Origine ?, vers 1900). — Cette pomme de terre, que nous avons quelque lieu de croire sortie de la *Quarantaine violette*, par variation gemmaire, est, aujourd'hui très répandue et également vendue sous le vocable de Hollande rouge, qu'elle représente encore mieux que la précédente par ses tubercules bien en Kidney, simplement roses, toutefois, à chair bien jaune, fine et ferme et à fleurs blanches. Elle est, enfin, probablement résistante à la Galle noire, ce qui augmenterait beaucoup sa valeur culturale.

Quarantaine violette (*Rognon violet*. Suède ?, vers 1867). Présente tous les caractères et mérites de la *Rosa*. De même que la précédente, elle est d'excellente conservation et tardive à germer.

L'*Incomparable*, à tubercules longs et panachés de violet est encore un peu cultivée pour l'excellente qualité de sa chair jaune.

Vitelotte (Halles de Paris, 1815). — Bien caractérisée par ses tubercules très longs et minces, roses, à yeux profondément entaillés et très nombreux, chair blanche et fleurs blanches, cette doyenne est encore estimée et cultivée dans certains potagers bourgeois, en raison de sa chair la plus ferme de toutes, comme pomme de terre à salade. Il existe quelques autres variétés de forme analogue, dont une à chair jaune.

Négresse (Origine ?, vers 1884). — Le tubercule de cette variété à la forme longue et les yeux profonds de la *Vitelotte*, mais la peau est violet foncé et la chair quoique à fond blanc, est si fortement teintée violet qu'elle paraît presque noire et passe pour tenir lieu de truffes dans les pâtés.

VARIÉTÉS TARDIVES, DE GRANDE CONSOMMATION.

Shave (*Shaw*. Anglaise, 1815). — C'est la plus ancienne et le type des variétés à tubercules ronds jaunes et chair jaune ; ses germes sont violets et ses fleurs blanches. Quoique plus que centenaire, elle est encore estimée et cultivée dans le Centre, tant sa robusticité est grande. Dans son voisinage ont passé et se trouvent encore plusieurs variétés, notamment les suivantes, que l'on désigne collectivement, dans le commerce d'alimentation, sous la simple désignation de « Jaunes rondes ». Ces variétés, quoique plutôt demi-tardives. sont à la fois très productives, de très bonne qualité et d'excellente conservation.

Industrie (*Safran* Autriche ?, vers 1900). — C'est aujourd'hui la plus répandue et la plus estimée des variétés jaunes rondes à chair jaune, tant en raison de sa robusticité que de sa production qui peut atteindre, dans de bonnes conditions de culture jusqu'à 30.000 kgs à l'hectare. Elle présente tous les caractères de tubercules de la Shave, avec des yeux un peu moins creux mais ses fleurs sont colorées. Sa richesse féculière est de 17-19 %. Elle est en outre résistante à la maladie et peu sensible à la pourriture hivernale.

Géante sans pareille (*Andrea*, dans le Nord — Française ?, vers 1891). — Diffère des deux précédentes par ses tubercules plus gros, obtus et presque carrés aux deux pôles, à yeux plus creux, germes roses et fleurs blanches, comme chez la *Chardon*, qu'elle rappelle davantage. C'est également une bonne variété vigoureuse et productive, à la fois industrielle par son grand rendement et sa fécule qui atteint 16-18 % et de grande consommation par sa teneur en protéine qui est d'environ 2 %. Elle passe, d'ailleurs, fréquemment avec les précédentes sous la même dénomination.

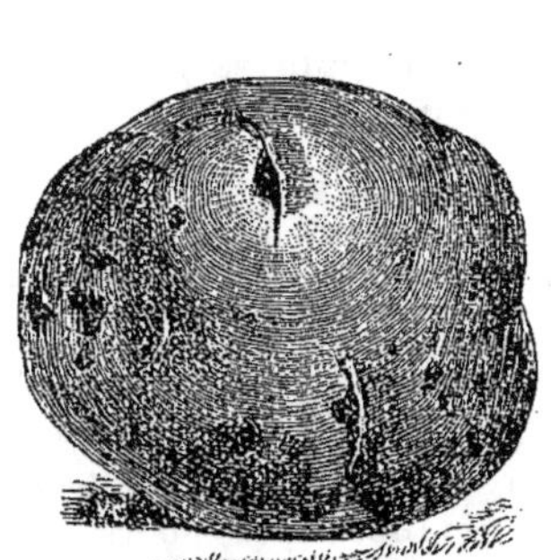

Fig. 16. — Shave.

Clichés *Vilmorin*.

Fig. 17. — Industrie.

La *Ronde des Charentes*, la *Jaune ronde du Limousin*, la *Populaire*, la *Mondiale* sont tantôt l'une, tantôt l'autre ou un mélange de ces dernières variétés.

La *Blanchard* (1859) panachée violet autour de yeux, la *Chardon* (1855) autrefois populaire et délaissée de nos jours pour ses yeux par trop creux, l'ancienne *saint Jean* ou *Segonzac* (1839) très voisine de la Shave sont des variétés du type rond à chair jaune, dont on rencontre encore des petites cultures.

Great Scot (Anglaise, vers 1920). — Variété nouvelle à tubercules ronds, jaunes, chair blanche, germes roses et fleurs blanches. C'est une des premières et des meilleures variétés anglaises résistant à la Galle noire, introduites en France et aujourd'hui la plus répandue, grâce à un ensemble de qualités tout à fait remarquables, notamment une productivité telle qu'elle peut atteindre 2 kg. par touffe. Elle titre 15-16 % de fécule et sa richesse en protéine qui approche 2 %, jointe à sa chair jaunâtre, lui permet de passer, avec les précédentes, parmi les variétés de grande consommation. Elle mûrit en fin septembre.

Bishop (Anglaise, vers 1920). — Contemporaine de la précédente, cette variété est à tubercules régulièrement oblongs, presque en Kidney, méplats, très lisses et à chair blanc jaunâtre. Elle semble pouvoir faire une variété de commerce en raison de la beauté de ses tubercules et de la couleur acceptable de leur chair qui titre 16-17 °/₀ de fécule. Sa maturation est tardive. Comme la plupart des variétés anglaises récentes, elle résiste à la Galle noire.

Etoile du nord (Rood star. Hollande, vers 1913). — Analogue à la *Saucisse* par la couleur et sa chair bien jaune, elle en diffère toutefois par ses tubercules moins gros, mais plus nombreux, plus pâles, plutôt roses, généralement oblongs, à peau rugueuse et yeux rouges, ses fleurs sont également lilas. Elle est aussi tardive et sa production est moins grande que celle de la Saucisse, mais elle est plus résistante à la maladie et pourrit moins en cave. Elle est, enfin, plus riche en fécule, titrant jusqu'à 18-20 °/₀.

L'industrie rouge d'origine hollandaise toute récente se rapproche de cette variété au moins par la couleur de ses tubercules et celle de sa chair.

Saucisse (Halles de Paris, 1867). — Variété très répandue dans le Nord et en Bretagne, populaire dans l'alimentation en raison de sa belle chair bien jaune et fine et de son excellente qualité pour tous usages. On la reconnaît aisément, dans le cours de la végétation, à ses bouquets de fleurs lilas, presque toujours accompagnés de petites feuilles, elle fructifie très rarement. La *Saucisse* a le grave défaut d'être sensible au *Phytophthora*, le feuillage est parfois entièrement détruit, les tubercules pourrissent alors en terre et souvent en cave. Sa richesse en fécule n'est que de 12-14°/₀, mais sa teneur en protéine est d'environ 2 °/₀ confirmant par là la faveur dont elle jouit auprès des consommateurs.

VARIÉTÉS DE GRANDE CULTURE

Sous cette désignation, on comprend les variétés à grand rendement cultivées en plein champ, sur de grandes étendues, pour la nourriture du bétail et pour l'industrie. Ce sont, en général, des variétés tardives, à grand développement, à chair blanche, plus ou moins riche en fécule. Leurs qualités culinaires sont, évidemment, inférieures à celles des variétés précédentes et, cependant, dans les fermes, où la soupe, aliment français par excellence, tient une large place dans la nourriture du personnel, on s'en accommode encore très bien, tant il est vrai que toutes les pommes de terre sont mangeables. D'autre part, certaines variétés, telles que la *Fin de siècle* ou la *Magnum bonum* la *Rouge du Soissonnais* et d'autres sans doute, sont souvent livrées à la consommation dans les grands centres, en raison de leur prix moins élevé que celui des variétés à chair jaune. Nous séparerons les variétés féculières, bien qu'elles soient fourragères au même titre que les suivantes.

Variétés fourragères

Magnum Bonum (Angleterre, vers 1876). — Cette variété déjà ancienne et qui a longtemps joui d'une grande faveur est caractérisée par ses tubercules gros, oblongs, à yeux rares et superficiels, ses germes roses et ses fleurs colorées. Sa chair blanc jaunâtre, la régularité de ses tubercules et son rendement élevé l'ont fait considérer à la fois comme variété de ferme et de gros commerce ; elle s'est longtemps vendue d'une façon courante, en hiver, aux halles de Paris. La suivante, avec laquelle on la confond fréquemment, lui a progressivement ravi sa popularité. Son rendement peut atteindre 30,000 kg. à l'hectare et sa richesse en fécule est de 15-16 %.

Fin de Siècle (*Up to date*. — Angleterre, vers 1897). — Cette variété partage les caractères et les mérites de la *Magnum bonum*, de laquelle il est

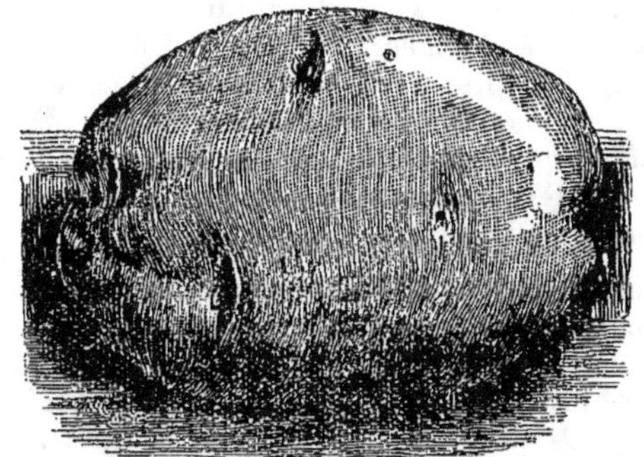

Fig. 18. — Institut de Beauvais.

difficile de la distinguer de nos jours par suite de substitution ou de confusion et elle la remplace de plus en plus dans les cultures.

Institut de Beauvais (France, vers 1885). — Tubercule de couleur carnée à l'arrachage, rond, un peu irrégulier, à yeux assez creux, germes roses et fleurs blanches. Très populaire et particulièrement appréciée dans le Midi, l'*Institut* est une des meilleures variétés de ferme, en même temps qu'assez riche en fécule (15-16 %), particulièrement robuste et si productive, dans de bonnes conditions de culture, que son rendement peut atteindre et même parfois dépasser 35.000 kilos à l'hectare. On comprend ainsi la faveur dont elle jouit encore, malgré son âge et la dégénérescence qui la supprime.

L'*Idaho*, d'origine américaine et un peu antérieure et serait, sinon synonyme, du moins la sœur née de l'autre côté de l'Atlantique de la précédente.

Rhoderic Dhu (Angleterre, vers 1920). — Tubercules ronds, jaunes, chair blanche, germes violets et fleurs blanches. Nouvelle variété, à grand développement, feuillage très ample et grand rendement, mais très tardive, mûrissant en octobre seulement. A-donné, dans les expériences de Verrières, une moyenne de 1 kg. 500 par touffe. Elle est également résistante à la Galle noire. Recommandable pour la grande culture et peut-être pour l'industrie, sa richesse en fécule étant de 16 à 18 %.

Kitchner of Kartoum (*K. of K.* Angleterre, vers 1922). — Tubercules oblongs, jaunes, fréquemment panachés de rose autour des yeux qui sont peu marqués, peau rugueuse, chair blanc jaunâtre, germes violets et fleurs lilas. Très estimée en Angleterre, cette nouvelle variété est fort intéressante par sa grande vigueur et son rendement élevé. Elle a, en effet, donné à Verrières jusqu'à 2 kg. 430 et 50 tubercules par touffe, dont 1/3 de petits ; sa richesse en fécule est 16 à 18 %. Résiste également à la Galle noire.

La *Kitchner of Kartoum* partage tous les mérites de la précédente et la surpasse probablement pour la grande culture.

Au voisinage de la *Kitchner*, se placent, d'après les caractères de leurs tubercules, plusieurs autres variétés de même et récente origine, également résistantes à la Galle noire, notamment : *Majestic*, *Iris Chieftain*, *Golden Wonder*, qui semblent moins intéressantes que la précédente, sauf peut-être la dernière en raison de la belle forme et la couleur de ses tubercules qui renferment 18 à 20 % de fécule.

Croisade (Angleterre, vers 1922). — Autre variété récente, caractérisée par ses tubercules jaune clair, ovales ou parfois en Kidney, lisses, à chair blanc jaunâtre, germes roses et fleurs blanches. La plante est haute, forte, et ses tubercules, réguliers et bien faits, mûrissant en outre en septembre, permettant d'en faire une variété d'alimentation. Elle a produit à Verrières jusqu'à 1 kg. 625 par touffe et sa richesse en fécule est de 16 à 18 %. Comme ses compatriotes, elle est résistante à la Galle noire.

Déodara (Allemagne, vers 1921). — Parmi les variétés allemandes qui se sont fait jour en France depuis la guerre et, comme autrefois presque toutes fourragères et à grand rendement, *Déodara* est celle qui s'est le plus répandue. Son tubercule est gros, rond, jaune, à chair blanche et germes violets et ses fleurs sont colorées comme celles de l'*Impérator* qu'elle rappelle. Sa richesse en fécule est de 15 à 17 %. Elle a produit jusqu'à 1 kg. 200 par pied à Verrières. Sa maturité est tardive.

Merveille d'Amérique (Amérique, vers 1875). — Cette variété a longtemps joui d'une grande estime, comme pomme de terre de ferme, en raison de sa grande robusticité et de son bon rendement, et cela malgré ses tubercules un peu irréguliers et à yeux assez creux. C'est une des plus colorées, justifiant par là le surnom « La rouge » sous lequel on la désigne dans le Charolais où elle s'est longtemps maintenue sans renouvellement de semence ; elle y est encore très cultivée, mais elle décline, au moins dans cette région. Sa maturation est tardive et sa richesse en fécule de 16 à 18 %. Il serait d'autant plus à souhaiter qu'on la régénère, que c'est une des rares variétés répandues en France qui soit résistante à la Galle noire.

Rouge du Soissonnais (*Prof. Wohltmann.* Allemagne, vers 1900). — Par sa couleur, cette variété, aujourd'hui très répandue, peut donner le change avec la *Saucisse*, et cette apparence, jointe à son prix moindre, lui font trouver preneurs aux Halles, au cours de l'hiver. Elle s'en distingue cependant aisément par ses tubercules plus courts, plus pâles, et par sa chair presque blanche. Sa grande robusticité et son bon rendement lui ont valu une large place parmi les variétés fourragères. Sa richesse en fécule, qui atteint 18 à 19 %, lui permet aussi de prendre parmi les variétés industrielles. Elle est très tardive, résiste bien à la maladie et bien moins sujette à la pourriture hivernale que la *Saucisse*.

La *Sauton* ou *Reine des sables*, répandue dans le Centre et d'origine obscure, se rapproche de cette variété.

Kerr's Pink (Angleterre, vers 1919). — Assez voisine des deux précédentes, cette nouvelle variété, très productive, est caractérisée par des tubercules roses, ronds, à yeux un peu creux, à chair blanche et à fleurs également blanches. En outre de sa vigueur juvénile, elle est résistante à la Galle noire. La richesse en fécule est un peu plus élevée, soit 18 à 20 %.

VARIÉTÉS FÉCULIÈRES

A ce groupe des pommes de terre fourragères appartiennent encore plusieurs variétés anglaises récentes, telles que *The Ally*, *Arran Chief*, *Arran Comrade*, *Marquis of Bute*, qui se sont répandues en France dans ces toutes dernières années. Elles ne semblent pas supérieures à leurs compatriotes précitées, bien qu'elles en partagent la résistance à la Galle noire.

Impérator (Allemagne, vers 1880). — Jusqu'à la guerre, cette variété a été la première et de beaucoup la plus cultivée des variétés féculières, grâce à un ensemble de qualités tout à fait remarquables, notamment sa grande vigueur, son rendement pouvant atteindre 40.000 kg. à l'hectare et sa teneur en fécule qui atteint 18 à 20 %. Ses similaires, telles que *Conseiller Thiel*, *Professeur Mærker*, *D^r von Lucius* sont disparues durant la tourmente, tandis que l'*Impérator* reprend un peu, de nos jours, de son ancienne faveur, que d'autres lui disputent toutefois.

Grosse du Gatinais (*Ursus*). Pologne, vers 1912). — Plante extrêmement forte, à grand feuillage, tubercules ronds, jaunes, gros ou parfois très gros, à peau rugueuse, yeux assez creux, chair blanche, germes violets et fleurs blanches. C'est une variété tardive, particulièrement riche en fécule (18 à 22 %) et susceptible de produire 35.000 kg. et plus à l'hectare. Elle résiste bien au *Phytophthora*, mais elle est néanmoins très sensible à la pourriture en cave et à la plantation, si on sectionnne les plants.

Cité blanche. (*White City.* — Angleterre, vers 1921). — Cette nouvelle variété est à tubercules longs, méplats, très réguliers, petits yeux superficiels, la peau jaune foncé et très rugueuses, chair blanche, germes roses et fleurs blanches. Sa grande richesse féculière, qui atteint 20 à 22 %, jointe à la grosseur de ses tubercules, la placent parmi les variétés industrielles. Elle est très tardive et, comme la plupart des variétés récentes anglaises, résistante à la Galle noire. Il ne semble pas, toutefois, qu'elle soit de constitution bien robuste ni résistante aux maladies de dégénérescence.

Charley Bounty. (Angleterre, vers 1922). — Plante haute et forte, à tubercules nombreux, gros et longs ou oblongs, parfois méplats, lisses, à chair blanche, renfermant 16 à 18 % de fécule, fleurs lilas et germes courts et très racineux. Variété tardive, remarquable par l'ensemble de ses qualités, notamment par sa production qui a dépassé 2 k. de moyenne par pied dans les expériences de Verrières, l'an dernier. L'obtenteur, M. Salaman, la donne, en outre, comme presque résistante à l'Enroulement, peu sensible à la Mosaïque, résistante au *Phytophthora* et en outre à la Galle noire. Elle mérite donc très sérieusement d'être au moins essayée en grande culture.

Géante bleue. (*Blaue Riesen*. — Allemagne, vers 1890). — Cette variété, à gros ou très gros tubercules violets, longs et chair très blanche, s'est rapidement acquis une assez grande popularité par son rendement, le plus élevé que l'on connaisse, puisqu'on a cité le chiffre de 56.000 kg. à l'hectare. Sa chair qui renferme 16 à 18 % de fé-

Fig. 19. — Géante bleue. Fig. 20. — Imperator.

cule est très aqueuse et de qualité très médiocre pour la consommation. Sa maturation est très tardive et elle est peu sujette à pourrir au cours de l'hiver.

La *Géante bleue* est, en outre, la plus notable des variétés produisant, accidentellement, des variations gemmaires (par bourgeons). Elle en a produit un grand nombre et souvent de si différentes du type qu'on a pu douter de leur légitimité. Il s'en est présenté plusieurs à Verrières comme ailleurs dont une demi-douzaine existe encore dans la collection, notamment une carnée rappelant l'*Institut de Beauvais*, une autre à tubercules panachés rouge et violet et à chair jaune, enfin, la *Géante blanche*, lancée dans le commerce vers 1900 a conservé les traits généraux de la mère, mais ses tubercules sont jaune pâle et simplement panachés violet autour des yeux.

A ce groupe, appartiennent encore quelques autres variétés plus ou moins délaissées, notamment *La Czarine*, grosse pomme de terre ronde, panachée rouge et à chair blanche, renfermant 15 à 17 °/₀ de fécule, dont on rencontre encore des petits lots en culture.

Au cours de cette énumération déjà longue, quoique bien incomplète, nous avons omis beaucoup de variétés anciennes auxquelles certains cultivateurs tiennent encore, d'autres plus ou moins récentes dont on trouve aujourd'hui des plants annoncés dans le commerce qui ne se sont pas montrées supérieures aux précédentes, d'autres enfin que nous ne connaissons pas suffisamment. Il ne s'agissait, d'ailleurs pas tant d'établir une longue liste qu'un choix des plus recommandables.

Parmi la cinquantaine de variétés que nous venons d'énumérer, quelques-unes seulement sont d'origine française, notamment : *Belle de Fontenay*, *Quarantaine de la Halle*, *Rosa*, *Pousse debout*, *Vitelotte*, *Saucisse* toutes à chair jaune, enfin *Institut de Beauvais*, seule à chair blanche et fourragère.

Quelque opinion qu'on puisse avoir des Allemands, nous leur devons cette justice, qu'avant guerre ils ont produit un grand nombre de variétés de grande culture, telle que la *Géante bleue*, l'*Impérator* et plusieurs autres similaires, *Professeur Wohltmann* et aussi quelques potagères, telles que la *Belle de Juillet*, *Industrie* qui ont longtemps occupé et quelques-unes encore actuellement une large place dans nos cultures.

Les Hollandais ont aussi obtenu des variétés diversement intéressantes, dont quelques-unes se sont largement répandues chez nous, notamment l'*Abondance de Montvilliers* (*Eigenheimer*, *Borgher*, ou *Om Paul*), excellente variété demi-hâtive qui a depuis longtemps fait ses preuves, l'*Etoile du Nord* (*Rood star*) que ses qualités rapprochent de la *Saucisse*, et, dans ces toutes dernières années, deux variétés hâtives, l'*Idéale* et *Eenstelingen* à belle chair jaune que les cultivateurs semblent apprécier, parce que jeunes et productives.

Actuellement, beaucoup de variétés anglaises récentes, dont nous avons indiqué les principales, s'implantent progressivement chez nous et il y a lieu de nous en féliciter, car, en outre de leurs propres mérites, elles ont, pour la plupart, l'avantage d'être réfractaires à la Galle noire. Elles nous prémunissent ainsi contre ce nouveau fléau, dont l'apparition chez nous est très à craindre.

Et maintenant Messieurs, si vous me demandiez quelles sont, parmi les variétés précitées, les meilleures à cultiver dans une région donnée, la vôtre, par exemple, je me verrai obligé de vous répondre que je n'en sais rien, ou plutôt, si je sais bien comment elles se comportent sous le climat parisien, à Verrières, en particulier, dont les notes qui précèdent sont, d'ailleurs, l'expression, on ne peut pas préjuger sûrement de ce qu'elles feront ailleurs. Qu'il nous soit permis de rappeler à ce sujet l'ignorance que nous avons exprimée au début de ce mémoire sur les aptitudes culturales des variétés en général. C'est donc de l'expérimentation qu'il faut principalement attendre ces renseignements. Et, à ce point de vue, nous ne saurions trop recommander aux cultivateurs de faire des essais, sur des petites étendues, des variétés semblant répondre à leurs besoins, cela afin de déterminer celles qui s'accommodent le mieux de leur climat, de leur sol et de leur genre de culture.

Régénérescence de la pomme de terre par le semis. — Si l'on excepte les quelques variétés anciennes encore très répandues que nous avons citées au début et dans le cours de ce mémoire, on est obligé de reconnaître que les variétés de pommes de terre se succèdent avec une rapidité bien plus grande que celles de la plupart des autres plantes cultivées. Après une période de luxuriance plus ou moins longue, toutes finissent par s'appauvrir au point de ne plus donner qu'un produit de valeur inférieure aux frais de culture. Cet épuisement tient sans doute à plusieurs causes, notamment à la multiplication assexuée, à la faiblesse de constitution de certaines variétés, enfin et surtout peut-être à leur sensibilité à l'action dépressive des maladies, celle de dégénérescence en particulier. L'obtention des variétés nouvelles s'impose donc comme une nécessité autant et plus peut-être au point de vue du rajeunissement des variétés qu'à celui de leur perfectionnement.

Si la part des semeurs français, pourtant si éminents dans l'amélioration de beaucoup de genres de plantes, pour ne citer que les céréales, les légumes et beaucoup de fleurs n'a pas été bien grande dans celle de la pomme de terre, cela tient probablement à ce que notre pays, plus chaud et plus sec en été que celui des pays du Nord, d'où nous viennent la plupart des variétés nouvelles, se prête moins aisément à l'éducation de la pomme de terre par le semis, parce que les maladies de dégénérescence sévissent avec d'autant plus d'intensité qu'on s'approche davantage des régions chaudes.

Cependant, il ne nous semble pas impossible d'obtenir des variétés adaptées à notre climat, à nos besoins et peut-être aussi plus résistantes que la plupart de celles que nous sommes obligés d'aller chercher à l'étranger. Les semis entrepris à Verrières, depuis le début de la guerre, sous l'impulsion de M. Philippe L. de Vilmorin et poursuivis depuis sa mort sous la direction de son frère Louis, nous en laissent le ferme espoir. Mais c'est là une tâche dont nous ferons comprendre la difficulté et l'ingratitude en disant que du millier de plants de semis élevés chaque année à Verrières,.depuis 1817, il ne reste actuellement qu'une trentaine de variétés encore à l'étude. Les maladies de dégénérescence, dont il est bien difficile de les préserver complètement, les appauvrissent et de l'aveu même de M. Ducomet qui a également abordé cette tâche ingrate les font disparaître les unes après autres.

Le temps et l'espace nous manquent ici pour entrer dans les détails de l'éducation des plants de pommes de terre par le semis, qui n'offre d'ailleurs pas de difficulté. Nous renverrons les lecteurs que ce sujet pourrait intéresser à notre ouvrage. « *La pomme de terre* » (pp. 27-32) et à notre étude sur la « *Dégénérescence de la pomme de terre* », parue dans le « Journal de la Société nationale d'horticulture de France », juillet, 1923.

Nous dirons simplement que, dès la première année, les plantes de semis peuvent atteindre, dans de bonnes conditions de culture, leur maximum de développement et de production. Dans les semis pratiqués à Verrières, des tiges dépassant 1 m. 50 de longueur sont très fréquentes et les touffes donnant 3 à 4 kilogr., parfois plus de tubercules n'y sont pas rares. En 1923, un pied a produit 4 kgr. 500, en 1921 une plante a donné 5 kgr. 350 et 60 tubercules dont le plus gros pesait 400 grammes ; enfin l'an dernier une plante a atteint le chiffre rond de 6 kg.

J'ai terminé, Messieurs ! Mais avant de me retirer, permettez de faire quelques réserves sur la substance des renseignements que nous avons donnés, et en particulier sur la productivité qui est l'élément le plus variable chez la pomme de terre, non seulement du fait des conditions de culture, mais aussi et surtout peut-être de l'état des plants. Ainsi que mes collègues vous l'expliqueront, la productivité est avant tout dépendante des maladies de dégénérescence ; la meilleure des variétés peut devenir la plus médiocre lorsque les plants sont fortement contaminés.

Le vœu ci-après proposé est adopté :

« Le Congrès souligne l'intérêt considérable qui s'attache pour le producteur à un choix judicieux des variétés qu'il désire cultiver, en donnant la préférence à celles bien connues ayant fait leurs preuves, en n'acceptant qu'après expérimentation les nouveautés, notamment d'origine étrangère, et en ne perdant jamais de vue le rendement maximum à obtenir selon le genre de culture poursuivi (primeurs, grosse consommation, fourrage, industrie). Il insiste particulièrement sur la nécessité d'adapter le produit au débouché.

(Adopté).

LES MALADIES DE LA DÉGÉNÉRESCENCE

Par M. FOEX,

Directeur de la Station de Pathologie végétale de Paris.

Très peu de temps après l'introduction de la pomme de terre en Europe, on a constaté dans certaines cultures une baisse progressive de la production et dès le XVIII° siècle on a parlé de la dégénérescence de la précieuse plante.

La question qui nous occupe n'est donc pas nouvelle, puisqu'elle est à l'ordre du jour depuis plus de 150 ans.

Sans doute-a-t-elle pris cependant une gravité particulière depuis une vingtaine d'années.

Mais qu'entend-t-on exactement par dégénérescence ?

Dans le sens le plus général il s'agit d'un changement en mal ; du passage de l'état d'origine à un état moins bon, M. Ducomet, à qui est due cette heureuse formule, distingue entre la dégénérescence apparente, qui se traduit par une manière d'être apparemment ou localement mauvaise et la dégénérescence vraie qui ne peut être qu'une variation progressive, définitive et générale vers l'imperfection. C'est uniquement de cette dernière que nous nous occuperons. Elle se traduit par une réduction progressive et continue des rendements, laquelle est accompagnée de modifications particulières, que la plante subit dans sa forme aussi bien que dans sa stature.

Nous n'envisagerons par conséquent ni la Filosité, caractérisée par la production par le tubercule de germes très ténus, incapables de fournir des tiges vigoureuses, ni le Boulage, qui consiste en la transformation presque immédiate, des germes en petits tubercules. En effet, ni Filosité, ni Boulage ne sont transmissibles par le plant.

Principales théories émises sur la nature et la cause de la dégénérescence. — Quelles sont les causes de cette dégénérescence ?

Bien des théories ont été émises pour l'expliquer, nous sommes obligés de les passer en revue, car certaines trouvent encore des défenseurs, qui inlassablement reprennent des arguments, dont l'insuffisance été maintes fois démontrée.

PREMIÈRE THÉORIE. — **La dégénérescence par abus de la multiplicité assexuée.** — Parmentier paraît avoir été le premier à la formuler.

Ceux qui professent l'opinion de la dégénérescence par abus de la multiplication assexuée supposent qu'un organisme déterminé ne dispose que d'une certaine période de vie, au dela de laquelle sa force vitale est insuffisante pour maintenir son existence, si bien que lorsque cette période arrive à son terme, la mort survient. Mais avant que ce stade ait été atteint, une semence constituée par voie sexuée est généralement formée, ce qui assure la continuité de l'espèce. Il arrive du reste, qu'en dehors de ce mode de reproduction, peut exister une multiplication par voie végétative. C'est la multiplication assexuée. Elle existe chez la Pomme de terre, chez laquelle la multiplication par tubercule est devenue la règle dans la culture. Les partisans de la théorie de la sénescence admettent qu'à partir de l'individu issu de semis ne pourrait se constituer qu'un nombre limité de générations assexuées. Au terme de cette série la vigueur diminuerait et la mort surviendrait.

A cette théorie peuvent être opposés les arguments suivants :

1° Si on envisage d'abord d'autres végétaux que la Pomme de Terre, on peut dire qu'on connaît chez beaucoup de plantes des variétés qui se maintiennent fidèlement depuis de longues années par multiplication assexuée Vigne, Pommier (Calville Blanc (1640) ; Reinette du Canada (1773) ; Belle Angevine (1776) ; Bon chrétien (fin du XVIII⁺ siècle et peut être bien antérieur) le Topinambour, dont l'introduction en Europe est aussi ancienne que celle de la Pomme de Terre ; la Canne à sucre, le Bananier que l'on ne maintient que par bouturage.

2° Si nous examinons le cas de la Pomme de Terre, nous voyons qu'il existe de fort anciennes variétés de cette plante. Rappelons ce qu'Henry de Vilmorin écrit à ce sujet en 1888. Après avoir cité des sortes déjà anciennes : Shave, Kidney Hâtive ou Marjolin, Bonne Wilhelmine, Rouge de Hollande il ajoute : « Voici des variétés qui ont déjà près de 80 ans d'âge et dont plusieurs peuvent sans exagération être dites aussi vigoureuses qu'aux premiers jours. Rien en effet ne nous autorise à admettre qu'ait dégénéré la Shave que nous possédons depuis 1815 ; la Quarantaine de la Halle depuis 1855 ; la Blanchard depuis 1859 ; la Saucisse depuis 1865 ; l'Early Rose depuis 1868 ; la Richtar's Imperator depuis 1877 ; l'Institut de Beauvais depuis 1884, etc »…

3° Les partisans de la théorie de la senéscence doivent, semble-t-il, admettre qu'envisagés au même moment, les divers représentants de la même variété qui sont distribués dans le monde appartenant tous à la même génération assexuée, doivent tous dépérir en même temps. Or, tel n'est pas le cas. Par exemple, le Magnum Bonum a disparu d'Angleterre, alors qu'il se maintenait fort bien en Suède (Salaman).

4° Pour régénérer des variétés qui dégénèrent par abus de la multiplication assexuée, il faut, a-t-on dit, recourir aux semis par graine. Mais en réalité, le semis ne régénère pas, il crée quelque chose de nouveau.

Dans le cas de nos sortes de pommes de terre qui sont en réalité des hybrides généralement complexes, l'autofécondation elle-même aboutit à une semence qui donne une plante chez laquelle on retrouve rarement les caractères de la variété à laquelle appartenait le végétal qui reproduit la graine. De plus, la plupart des individus issus de semis montrent très rapidement des signes de dégénérescence. La méthode de semis, qui est d'ailleurs fort intéressante permet, sur un nombre considérable d'exemplaires, d'en trouver quelques-uns qui, par leur vigueur et leurs qualités, méritent d'être conservés et qui doivent être considérés comme des individualités nouvelles.

Deuxième Théorie. — **La dégénérescence serait due à un défaut d'adaptation aux conditions de milieu.** — On sait que la pomme de terre ne se maintient que peu de temps dans certains pays à climats chauds et secs (Algérie, Egypte, etc.)... D'autre part on constate que certaines variétés périclitent lorsqu'on les transplante dans des régions à climat et sol trop différents de ceux de leur pays d'origine. M. Ducomet rappelle qu'on oublie, en effet, trop souvent de tenir compte des différences d'aptitudes présentées par les diverses sortes qui furent notées par Parmentier.

Cependant, bien des personnes conseillent de recourir toujours et dans tous les cas aux pommes de terre de semence des climats froids. Elles se basent sur le fait que la pomme de terre serait originaire des montagnes élevées de la Cordillière des Andes, où règne une température assez basse, qu'elle ne retrouve qu'aux altitudes relativement élevées des zones chaudes ou tempérées ou bien aux faibles latitudes. En réalité, il n'est pas certain que la pomme de terre proviennent des Andes, peut-être tire-t-elle son origine de l'Archipel des Chiloé, sur les côtes du Chili, où elle jouit d'un climat tempéré frais et humide. M. Ducomet attire l'attention sur ce dernier facteur, dont on n'a peut-être pas assez tenu compte, il faut remarquer que tous les pays qui jouissent d'une certaine réputation au point de vue de la culture de la pomme de terre sont situés dans des régions à climat caractérisé par une certaine humidité et une température moyenne ou relativement basse (Bretagne, Irlande, Ecosse, Zélande, en Europe. Nord-Est des Etats Unis, Côte Orientale du Canada en Amérique).

En tous cas, les cultures des régions froides de montagnes ou de plaine ne sont pas indemnes de dégénérescence. C'est ce qui découle notamment d'observations, qui ont été faites par M. Ducomet dans les contrées les plus diverses de notre pays. Il a pu constater à maintes reprises que la montagne était aussi éprouvée que la plaine, même lorsqu'il s'agissait de montagnes qui ne peuvent être considérées comme méridionales (Vosges, Jura, Alpes).

Troisième théorie. — **La dégénérescence serait due à une culture trop prolongée du même plant dans le même milieu.**

D'aucuns considèrent qu'une culture répétée dans le même milieu et sans renouvellement du plant aboutit fatalement à la dégénérescence. Ce n'est vrai, semble-t-il, que dans le cas où l'adaptation au milieu est défectueuse. Rappelons que dans le Lot-et-Garonne, M. Ducomet voit cultiver sans renouvellement du plant, la Merveille d'Amérique depuis 40 ans, l'Institut de Beauvais depuis 34 ans. Or, les cultures en question sont loin d'être aussi dégénérées que dans bien des situations même septentrionales, où le plant est fréquemment renouvelé. De nombreux exemples de même nature pourraient être cités. Quoiqu'il en soit, la théorie de la nécessité du renouvellement de semence a conduit beaucoup de cultivateurs à faire venir de l'extérieur des tubercules dont ils ignorent la provenance et l'état sanitaire. Il ne nous paraît pas douteux que la fâcheuse situation qui règne actuellement est en grande partie due à cette pratique qui a grandement aidé à la diffusion des maladies de la dégénérescence.

QUATRIÈME THÉORIE. — La dégénérescence serait la conséquence plus ou moins directe de certaines attaques parasitaires notamment de celles dues au Phytophtora infestans.

Rappelons que peu après l'introduction du *Phytophtora infestans* en Europe, certains supposèrent que la maladie qu'il déterminait était en réalité due à la dégénérescence de la plante fatiguée par la culture. Actuellement plusieurs admettraient qu'au contraire, c'est *le Phytophtora infestans* qui par ses coups répétés entraînerait la dégénérescence.

Les raisons pour lesquelles nous ne croyons pas pouvoir rattacher la dégénérescence aux attaques du Phytophtora infestans sont les suivantes :

1° la dégénérescence sévit dans des contrées où le Phytophtora infestans n'intervient pas (certaines parties des Etats-Unis).

2° L'intensité de la dégénérescence n'est pas en rapport avec la gravité et la fréquence des attaques de ce parasite.

3° les pommes de terre bien protégées par les traitements cupriques ne sont pas par cela même soustraites aux manifestations de la dégénérescence.

4° les variétés résistantes au Phytophtora infestans sont loin d'échapper à la dégénérescence.

CINQUIÈME THÉORIE. — La dégénérescence des pommes de terre résulterait de véritables maladies de nature infectieuse.

Pour les raisons qui vont être exposées nous croyons devoir adopter cette dernière théorie.

Aspect et caractères des plantes atteintes des maladies de la dégénérescence. — Nous avons déjà dit que les maladies de la dégérescence se traduisent extérieurement par certaines modifications de forme, dont sont affectés le feuillage et le port de la plante.

Décrivons les principaux aspects que peut présenter la plante atteinte de ces maladies.

A) **Enroulement.** — *Cette maladie doit son nom à ce que certaines des* *feuilles de la plante sont enroulées en cornet ou en gouttière dont le creux est tourné vers le haut.*

Cette disposition est particulièrement fréquente sur les feuilles inférieures et n'existe parfois que sur ces dernières. Dans d'autres cas, elle gagne les feuilles moyennes et même les supérieures. Parfois même, l'enroulement débuterait par les feuilles du sommet.

La feuille enroulée est couramment redressée, elle est dure au toucher ; secouée contre d'autres, elle donne un bruit métallique ; sa teinte (plombée, rougeâtre, violacée ou jaunâtre) n'est pas normale.

Cliché *Agriculture Nouvelle.*

Plante saine.   FIG. 21. — Maladie de la Frisolée.   Plante malade.

Grâce à la disposition plus ou moins dressée des feuilles, grâce aussi à la teinte particulière qu'ont ces dernières dont la face inférieure s'étale au regard, alors que la supérieure est plus ou moins cachée, la plante fortement enroulée se reconnaît souvent de loin.

Dans les cas graves, elle reste amassée, presque naine.

Les feuilles enroulées présentent une accumulation d'amidon qui peut être mis en évidence par l'eau iodée.

Évolution de la maladie. — La maladie apparaît très tôt sur les plantes gravement atteintes, dès la levée parfois. Mais elle peut aussi n'apparaître que tardivement au milieu ou même à la fin de l'été. Sa gravité est alors bien moindre, car elle est presque toujours limitée aux feuilles du bas.

L'enroulement léger ne réduit guère le rendement, mais lorsque le mal est grave et généralisé à l'ensemble de la plante, la récolte est considérablement diminuée.

De même que les plantes fortement atteintes restent basses avec des entre-nœuds courts, les stolons ont une longueur réduite. Comme conséquence, les tubercules se trouvent plus ramassés dans la touffe ; ils sont petits, raccourcis chez les variétés longues.

C'est dans les terres pauvres, dans les milieux secs que l'enroulement sévit avec le plus d'intensité. En terre riche et fraîche, au cours des années humides, son évolution est plus lente. Les fortes fumures azotées, les pluies peuvent même le masquer, s'il est à son début.

Les tubercules des touffes atteintes même très légèrement, donnent toujours naissance à des plantes malades.

Les effets de la maladie s'accroissent d'année en année, avec une très grande rapidité souvent.

Les conclusions possibles : enroulement et faux enroulement.

Le caractère d'enroulement des feuilles en cornet peut se retrouver chez plusieurs *maladies du pied*. Il peut se retrouver également dans le cas de *blessures de la souche*, de lésions profondes déterminées par des insectes.

Comme conséquence de l'altération du bas des tiges, une dessiccation plus ou moins accentuée et rapide se produit qui motive le reploiement des feuilles, surtout vers le sommet de la plante. Souvent dans ce cas, les feuilles terminales restent rapprochées en bouquet par suite d'un arrêt d'allongement de la tige : *mais ces feuilles plus ou moins enroulées sont molles et non rigides, dures, coriaces comme dans l'enroulement vrai qui est infiniment plus grave au point de vue de la descendance.*

B. **Frisolée et Mosaïque.** — 1° *Forme frisolée.* — Le feuillage d'une plante atteinte peut présenter des aspects différents.

Dans les cas les plus typiques, *le feuillage a l'aspect frisé et ramassé du chou de Milan*, d'où le nom de Frisolée, terme depuis longtemps usité dans la langue française pour ce genre de maladie.

Les déformations du feuillage sont parfois moins accentuées. Elles peuvent se traduire par de simples sinuosités ou ondulations des bords ou bien consister en boursouflures telles que chacune des faces de la feuille présente des creux et des bosses. Ailleurs, les feuilles sont gaufrées, crispées ou profondément tourmentées. Tout dépend des variétés, lesquelles revêtent chacune un type particulier de Frisolée. D'où l'importance de connaître l'aspect de la plante saine. Les feuillages de cette dernière sont généralement plus grandes, plus étalées que celles de la plante malade, dont les entre-nœuds se raccourcissent. Les feuilles sont par suite très serrées les unes contre les autres et la plante prend un aspect ramassé, rabougri.

2° *Forme mosaïque.* — Lorsqu'on observe de près la couleur des feuilles, on s'aperçoit parfois qu'elle n'est pas uniforme. Sur le fond sombre qui correspond à la teinte normale, apparaissent des taches d'un vert plus clair. La feuille prend ainsi un aspect marbré ou mosaïqué, d'où le nom mosaïque qui est souvent donné à la maladie. Cet aspect mosaïqué se manifeste parfois sur les feuilles qui ont une forme à peu près normale.

Fig. 22. — Maladie de l'enroulement.

L'aspect mosaïqué se perçoit plutôt dans les milieux riches, frais au cours des saisons humides.

L'aspect frisolé peut se constater partout et en tout temps.

EVOLUTION DE LA MALADIE. — Lorsque le mal est très accentué, les plantes sont rachitiques, naines lorsqu'il est à son début, la taille est normale. Dans le premier cas, la récolte est presque nulle ; elle n'est guère modifiée dans le deuxième. La sécheresse, la pauvreté du sol, le défaut de fumure exagèrent les effets de la maladie.

Dans les cas graves toutes les feuilles sont modifiées. *Au début, les caractères ne se perçoivent nettement que sur les feuilles du sommet.*

Le mal se perçoit dès la levée ou peu après dans le premier cas ; mais les premières manifestations n'apparaissent souvent que tard dans la saison, après les pluies d'août-septembre par exemple, sur la tige principale les ramifications ou même les repousses.

Ce sont là des observations très importantes. La frisolée peut être qualifiée de maladies du sommet, alors que l'enroulement est plutôt une maladie de base.

Comme pour l'enroulement, la maladie se transmet par le plant. *Une plante malade n'engendre que des malades* : la guérison n'est pas possible. Bien, plus, la frisolée s'accentue avec les générations ; la récolte diminue progressivement jusqu'à devenir nulle. Le déclin est habituellement moins rapide que pour l'Enroulement, mais il est tout aussi fatal.

Les confusions possibles. — I. *Panachure*. — La forme mosaïque ne doit pas être confondue avec la Panachure.

Il n'est pas très rare de voir des feuilles parsemées de tache jaunes qui ressemblent un peu à celles que l'on observe chez les plantes d'ornement, telles que les Aucuba ou les Abutilon. Ces taches de panachures sont plus jaunes, plus accusées, plus nettement délimitées que dans la mosaïque. La transmission se fait par le tubercule, mais il ne semble pas que le mal soit susceptible de s'aggraver sensiblement avec les générations et de conduire à l'improductivité.

II. *Frisolée et caractères de variété*. — La forme mosaïque bien caractérisée se reconnaît toujours aisément, mais les débuts de la frisolée ne sont pas toujours faciles à saisir. Chez les variétés à feuilles lisses, biplanes, telles qu'Early rose et Institut de Beauvais, il n'y a pas de difficultés; mais il n'en est pas de même chez des variétés à feuilles plus ou moins gaufrées, telle que la saucisse. Dans ce cas, il est indispensable de se familiariser, avec les caractères propres de la race. La confusion ne pourra être évitée que par l'emploi de la méthode expérimentale (étude de la descendance des plantes à physionomie connue).

C. — **Bigarrure**. — Les feuilles sont parsemées de petites taches brunes anguleuses et allongées et coincidant alors avec les nervures, généralement la maladie passe progressivement des feuilles inférieures aux supérieures. Des lignes longitudinales brunâtres ou noires se dessinent sur la tige. Les feuilles se dessèchent et tombent. Il se produit ainsi une défoliation progressive, qui dégarnit peu à peu la tige de bas en haut et la laisse dénudée et desséchée. La maladie qui est très grave se transmet par le plant.

En résumé : Nous n'avons pas la prétention d'avoir décrit toutes les formes de maladie de la dégénérescence, les spécialistes qui s'adonnent à ces recherches en distinguent un certain nombre dont ils estiment les caractères suffisamment nets pour fournir les bases d'une classification et qui se transmettent fidèlement par le tubercule. Nous trouvons-nous en présence d'une seule et même maladie qui, suivant les variétés qu'elle affecte ou suivant les conditions de milieu, prendrait diverses formes ? En d'autres termes, avons-nous affaire à une affection aux effets aussi variés et divers que le sont ceux de la tuberculose humaine par exemple ? Ou bien s'agit-il de maladies qui, si elles se ressemblent à bien des égards par leur allure générale par leur façon d'attaquer la plante et de s'y maintenir, par leurs effets sur cette dernière, doivent être cependant considérées comme tout à fait distinctes, spécifiquement différentes les unes des autres ? Nous ne pouvons discuter ici cette délicate question.

Du mode de transmission des maladies de la dégénérescence. — Grâce à ses expériences extrêmement précises effectuées en collaboration avec son compatriote Oortwijn Botjes, le professeur Quanjer de l'Université de Wageningen (Hollande) a pu démontrer :

1° — La contamination par voisinage (une ligne de plantes malades contamine les pieds sains voisins jusqu'à une certaine distance qui varie suivant la nature du sol. Cependant la maladie ne se propage qu'autant se trouvent en terre des plants de pommes de terre malades, car dès que celles-ci ont été arrachées, le sol se montre incapable d'assurer l'infection des plantes qui lui sont confiées. La contamination paraît donc s'effectuer à travers le sol et non par le sol. Une pièce de terrain qui a porté une récolte gravement affectée, peut l'année suivante en fournir une tout à fait indemne. Une récolte ne pourra contaminer la suivante que par les tubercules qui ont pu subsister dans le sol après arrachage.

Des expériences, maintes fois répétées ont révélé à Quanger une propagation plus lente de la maladie dans certains pays aux sols humides compacts (Frise aux terrains argileux) que dans d'autres contrées aux sols plus légers ou tourbeux (Groningue).

Il est vrai que ces pays diffèrent les uns des autres non seulement par leur terrain, mais par leur climat et actuellement Quanjer tend à accorder une assez grande importance à ce dernier facteur qui agit sur la disposition des Pucerons lesquels paraissent être d'actifs agents de propagation de la maladie.

Bien des gens se montrent, il est vrai, sceptiques à ce sujet. Les pucerons sont, dit-on, peu fréquents sur la pomme de terre. Chacun a pu voir des myriades de ces insectes sur les fèves, sur les rosiers, sur le pêcher, mais la pomme de terre est bien rarement envahie à ce degré. Cependant avec un peu d'attention on s'aperçoit que les pucerons sont assez répandus sur les fanes de pommes de terre. En tout cas, en magasin, surtout dans certains locaux de conservation à température trop élevée, il n'est pas rare de voir les pucerons pulluler au point que les tubercules en sont entièrement recouverts. Ce fait a d'abord été signalé par M. Gaget, professeur d'Agriculture à Moulins (Allier) il a depuis lors été reconnu exact par nombre d'observateurs aussi bien en France (Ducomet, Perret), qu'à l'étranger.

Des expériences effectuées en Amérique, en Angleterre, en Hollande ont montré que lorsqu'on transporte certaines espèces de pucerons d'une pomme de terre atteinte de maladie de la dégénérescence sur une pomme de terre saine, cette dernière contracte bientôt la maladie. Le fait a été trop souvent constaté pour qu'il paraisse possible d'en douter. D'ailleurs les exemples de transmission des maladies par les insectes sont de plus en plus nombreux, aussi bien en Pathologie animale que végétale. Chacun connaît le rôle joué par certains moustiques (Anopheles) dans l'inoculation de la Malaria.

Les pucerons plongent leur appareil suceur à travers les tissus de la plante, jusqu'à celui (liber) par lequel circule une grande partie de la sève, qui a été élaborée dans les feuilles. Or, dans le cas de l'enroulement par exemple, le liber est justement le siège d'altérations graves (nécrose) signalée et décrite pour la première fois par Quanjer. D'après cet auteur, si l'amidon s'accumule dans les feuilles atteintes d'enroulement, ce serait à cause d'une entrave apportée à cette migration par l'altération subie par le liber. Il est vrai que l'accumulation de l'amidon précéderait souvent la nécrose libérienne, de sorte que la théorie de Quanjer serait mise en défaut sur ce point.

Quoiqu'il en soit, on admet actuellement que ce sont un certain nombre d'espèces de pucerons qui propagent le mal. Les principales seraient le *Macrosiphum Solani* qui vit surtout sur le cognassier et *Myzus persiane* que l'on trouve sur le pêcher. Mais les pucerons ne seraient du reste peut-être pas les seuls agents propagateurs.

Dès 1920, M. Savoy à Saint-Affrique (Aveyron) avait soupçonné que certaines punaises des champs jouaient un rôle du même ordre. Ses observations paraissent avoir été depuis lors confirmées par celles de Murphy en Irlande qui aurait obtenu des inoculations avec les divers hémipthères (Jassides, Capsides etc...) Le rôle joué par les punaises des champs et autres hémiptères différents des pucerons est encore insuffisamment établi.

Le fait que des insectes sont capables d'inoculer ces maladies est une preuve de plus de la nature infectieuse de ces dernières. Mais des résultats plus probants ont été obtenus par des inoculations réalisées par voie directe en greffant des plantes malades sur des saines ou en contaminant des feuilles saines légèrement blessées par des feuilles malades écrasées. La nature infectieuse des maladies de la dégénérescence ne paraît donc pas douteuse.

Mais quel est l'agent ou quels sont les agents du mal ?

Les plus diligentes recherches n'ont pas permis de les mettre en évidence. Le principe infectieux entre-t-il dans la catégorie des organismes dits invisibles, ou encore dans celle des virus, nommés filtrants, parce qu'ils peuvent traverser certains filtres tels que la bougie de Chamberland sans perdre leur pouvoir infectieux (1).

(1) On sait que chez l'homme et les animaux il existe des maladies qui sont très certainement de nature infectieuse et dont l'agent n'a pu être encore révélé (Variole, Rage, etc),.

Les recherches nombreuses et actives dont sont l'objet les maladies dites : Mosaïques des végétaux, dans le cadre desquelles entrent les maladies de la dégénérescence de la pomme de terre finiront peut-être par révéler une énigme qui passionne tant de travailleurs et dont la solution présenterait certainement un grand intérêt pratique.

Comment éviter et comment combattre les maladies de la dégénérescence. — Un tubercule qui donnera une plante atteinte de dégénérescence ne présente aucun caractère particulier et paraît parfaitement sain.

Tout au plus peut-on dire que dans le cas des variétés à tubercules normalement allongés, ceux qui ont une forme arrondie proviennent le plus souvent d'une plante atteinte d'enroulement et sont destinés à transmettre cette maladie. On doit aussi considérer comme suspects les tubercules dont le volume est inférieur à la moyenne.

Le premier développement du germe du tubercule ne révèlera rien de particulier, car ce n'est qu'une fois les feuilles bien développées que les caractères se manifesteront.

Sans doute, peut-on en prélevant sur un tubercule un œil qu'on bouture et qu'on fait développer en serre à la fin de l'hiver, juger dans une certaine mesure de l'état sanitaire du tubercule. C'est là une méthode qui ne saurait être utilisée que par quelques sélectionneurs.

Donc pratiquement aucun moyen ne permet de reconnaître directement si un tubercule est destiné ou non à donner des plantes atteintes de dégénérescence. Son état sanitaire ne pourra être établi dans une certaine mesure que si on le récolte sur une plante dont l'état est lui-même connu. D'où la nécessité de faire le choix du plant dans le champ, dans les conditions qui seront indiquées par M. Ducomet.

Dans le cas des cultures renfermant une certaine proportion de plantes atteintes de dégénérescence, le mieux est de récolter de bonne heure les tubercules destinés à la semence. L'expérience montre, en effet que dans un tel cas, plus la récolte est tardive et plus le nombre des tubercules contaminés est grand.

La lutte contre les pucerons inoculateurs de maladie serait à conseiller, si elle était réalisable. En fait, elle l'est peut-être en magasin où nombre de produits (matières pulvérulentes tels que le soufre, vapeurs tel que le tétrachlorethane ont déjà donné des résultats entre les mains des expérimentateurs).

En résumé, pour éviter les maladies de la dégénérescence, le cultivateur a à sa disposition :

1° le choix du plant, effectué dans le champ sur des plantes dont l'état sanitaire aura été préalablement reconnu en pleine végétation.

2° une récolte prématurée du tubercule de semence.

3° la plantation de tubercules de semence d'une dimension égale ou

Feuille saine et feuille enroulée
(Institut de Beauvais)

Feuilles enroulées
(Institut de Beauvais)

Frisolée et Mosaïque (*Saucisse*)

Feuille saine et feuille réduite par la Frisolée (Early Rose)

Mildiou de la Pomme de terre (*Phytophtora Infestans*)

En haut, Panachure - En bas, Frisolée
et Mosaïque (*Violette du Forez*)

Mildiou de la Pomme de terre

Maladie dite du " Jaune "
(*Verticillium albo-atrum*)

supérieure à la moyenne et d'une forme correspondant à celle qui est typique chez la variété à laquelle appartient la semence.

M. Ducomet dira *comment par une sélection méthodique, rigoureuse, constamment renouvelée les cultures de pommes de terre peuvent être soustraites aux effets des maladies de la dégénérescence et la récolte maintenue.*

*Le Congrès, après avoir entendu les conclusions apportées par **M**. le Professeur Fox sur les maladies de la dégénérescence, souligne les ravages causés dans de nombreuses régions par ces maladies et l'intérêt du producteur à les éviter ou les combattre notamment par une sélection méthodique et rigoureuse des tubercules destinés aux plantations nouvelles.*

Adopté.

DEUXIÈME SÉANCE

Sous la présidence de M. DETHAN,

Président des Associations agricoles de la Dordogne.

DE LA SÉLECTION RATIONNELLE DE LA POMME DE TERRE

Par M. DUCOMET,

Professeur de botanique à l'Ecole Nationale d'agriculture de Grignon.

Il est bien probable que pendant fort longtemps le terme de *sélection* sera employé pour désigner le choix des tubercules emmagasinés.

La *grosseur*, la *forme*, la *conformation du germe*, sont incontestablement des éléments de la production dont il faudra toujours tenir compte.

Il est bien évident qu'on ne saurait attacher trop d'importance à la conformation du germe. La *filosité* totale ou partielle dont on s'est plaint une fois de plus, au début de la présente campagne, est l'une des causes de l'irrégularité des cultures et de la faiblesse du rendement.

La forme du tubercule compte pour sa part. Les tubercules longs qui s'arrondissent et inversement les tubercules d'une variété longue qui s'allongent en même temps que les yeux s'enfoncent, correspondent à des plantes d'un avenir douteux ; de telles semences méritent d'être tenues pour inférieures à priori, bien que l'on ne puisse pas toujours affirmer quels seront l'état et l'évolution des plantes nouvelles.

Quant à la grosseur, on sait depuis longtemps qu'elle influe sur la production. Que n'a-t-on pas écrit sur ce sujet ?

Tout le monde sait que ce ne sont ni les petites ni les trop grosses semences qui donnent la production nette la plus élevée. Si l'on étudie méthodiquement le rendement en fonction du poids, on s'aperçoit aisément que ce ne sont pas les tubercules les plus volumineux qui produisent le plus. La *limite physiologique* dont parlait Vavin en 1876 existe bien. Mais il faut dire que cette limite se trouve au-dessus de la moyenne. L'expression classique de *tubercules moyens* qu'Aimé Girard a eu raison d'employer pour mieux faire ressortir l'existence d'un optimum ne répond pas à une réalité mathématique, mais elle est exacte, si l'on s'accorde à lui donner cette signification imprécise *ni trop petits, ni trop gros,* si l'on envisage le produit d'une culture, si l'on n'a pas la prétention d'établir un calibre général ou même simplement, un calibre racial.

Je n'insisterai pas davantage, car en fait, l'influence de la grosseur est dominée par une foule de facteurs d'importance variable ; nous perdrions notre temps en essayant d'isoler leur action individuelle, parce qu'ils réagissent les uns sur les autres. Je n'envisagerai que l'élément essentiel de la production ou plus exactement de la *capacité productive* ; il s'agit de *l'état biologique de la touffe-mère*.

Dans les remarquables recherches sur la pomme de terre, Aimé Girard a cru établir que la *mère imposait à l'ensemble des tubercules constituant la touffe des qualités héréditaires*. Il a eu le grand tort d'affirmer qu'au pied d'une touffe à production abondante, on était sûr de rencontrer des tubercules aptes à fournir une récolte également abondante. Mais il a eu l'immense mérite de porter la capacité de produire sur le terrain de l'hérédité, il ne pouvait mieux faire à son époque. Il y a 35 ans de cela, on ne distinguait pas, au moins à leur début les états pathologiques dont *l'aggravation inéluctable* constitue le déterminant essentiel de la baisse du rendement.

Bien qu'il ait eu des précurseurs, Aimé Girard n'en est pas moins le véritable initiateur de la *sélection rationnelle qui doit se faire au champ*. Le *choix des pieds mères* est à la base de toute sélection digne de ce nom ; le reste est l'accessoire.

Aimée Girard ne voyait que la vigueur, il ne voyait pas que sous cette vigueur apparente pouvait se cacher un état de langueur susceptible de conduire à l'anéantissement de la lignée. A son système, correspond très exactement notre sélection « en masse » avec marquage des touffes d'élite. Certes, il lui a bien fallu élever à part les produits de touffes répérées pour en arriver à conclure à l'hérédité individuelle, mais le pédigrage n'était pas son fait, Or c'est le pédigrage, c'est-à-dire l'élevage en séries répétées des produits de souches primitivement choisies qui lui aurait vraisemblablement révélé l'abaissement progressif de la capacité productive dans certains groupes, en même temps que son maintien dans d'autres. Une influence certaine de la grosseur du plant dans divers cas, une influence nulle dans d'autres se seraient manifestées. Tout cela l'aurait certainement troublé et peut-être en serait-il arrivé à modifier sa conception de l'hérédité. Il faut le dire très nettement. Dans les lignées saines, les fluctuations dues aux divers facteurs du développement comptent plus que l'hérédité individuelle. C'est chez les plantes malades que l'hérédité joue avec le maximum de puissance. Je ne dis pas que les facteurs externes de la nutrition n'aient pas leur part, mais je dis que, contrairement à ce qui se passe pour la plante saine, l'hérédité l'emporte toujours en ce sens que la famille ne se remonte jamais. La courbe générale de la production présente des oscillations en fonction du milieu et de l'année, mais elle descend toujours quant à l'ensemble ; c'est le propre de la dégénérescence. Pour la famille qui reste saine, la courbe générale reste horizontale, la production se maintient avec des hauts et des bas motivés par l'année et le lieu. En d'autres termes, la *production* peut varier, mais *la capacité de produire reste constante.*

J'ajoute que pour les lignées saines, les courbes sont parallèles, alors que pour les lignées malades la chute est très irrégulière pour raison de différences quant à la nature et à l'intensité mêmes des maladies.

La théorie de la sélection rationnelle réside presque tout entière dans ce qui vient d'être dit. Et la théorie ne précède pas la pratique ici, moins qu'ailleurs encore, quoiqu'on en ait dit. C'est l'expérience qui a dicté les méthodes pratiques de maintien de la capacité productive. C'est aussi d'après les résultats expérimentaux que l'on a été amené à abandonner la théorie de l'extinction obligatoire de la plante multipliée en dehors de la graine. C'est l'expérience qui nous a fait envisager la dégénérescence comme un *ensemble de phénomènes morbides déterminés par des causes extérieures.* La pomme de terre dégénère lorsqu'elle est attaquée par des maladies qui se perpétuent indéfiniment par le tubercule. Enroulement, Mosaïque, Frisolée, ou autres formes de dégénérescence, sont de véritables maladies infectieuses, contagieuses. Elles sont déterminées et ne sont pas en puissance dans le tubercule ; la plante ne porte pas en elle le germe de déchéance et de mort. Le *mal est incurable*, mais il *n'est pas fatal ; il est évitable.*

Comment faire dès lors pour maintenir les cultures en état de productivité ? Il faut multiplier exclusivement des plantes saines.

Donc, comme Aimé Girard, le recommandait il y a 35 ans, il faut visiter les cultures, choisir comme reproducteurs les individus d'élite, récolter à part, multipler à part. La vigueur, uniquement envisagée par Aimé Girard, ne suffit pas. La connaissance des premiers symptômes de dégénérescence est devenue une nécessité absolue. Mais qu'on ne se fasse pas d'illusion, la perfection n'existe nulle part. On se trompera quelquefois, le choix ne sera jamais parfait. Il faudra persévérer ; la sélection devra se répéter chaque année. Elle sera indéfinie ou son efficacité ne durera pas.

On se trompera quelquefois, surtout au début. Il y a à cela une raison majeure, c'est que bien souvent le mal ne peut être discerné que l'année qui suit l'attaque. Dans la culture de départ les plantes déjà manifestement malades peuvent avoir communiqué leur mal à des individus qui ne réagiront que dans leur descendance. On conçoit dès lors que plus les malades sont nombreux et plus sont grandes les possibilités de contamination ; plus les individus sains sont rapprochés des malades et plus ils ont des chances de se laisser contaminer. *D'où la nécessité de prélever les élites aussi loin que possible des malades et dans les parcelles qui contiennent le plus petit nombre d'individus atteints.*

D'autre part, la contamination étant, on conçoit que plus se prolonge le voisinage des sains et des malades et plus se réduit la chance de succès dans l'opération du triage. Donc arracher de bonne heure, dès que l'on est sûr que les tubercules ont atteint un état de développement qui permette une conservation facile. Le durcissement à la lumière favorisera cette conservation, mais je crois que le silo, surtout le silo fortement mélangé de terre, est plus recommandable que le magasin, ne serait-ce que pour raison de pucerons qui, dans les caves peuvent travailler comme en plein air, c'est-à-dire étendre la contamination par piqûre des germes. On peut se défendre des pucerons, il est vrai. Les insecticides, insecticides gazeux surtout, sont là pour en avoir raison.

La méthode idéale consisterait à planter à part les produits des touffes retenues; dans ce cas, le magasin serait une nécessité et des accessoires tels que petites clayettes ou paniers s'imposeraient.

Si l'on faisait cette multiplication séparée, on verrait bien que certains groupes seraient atteints dans la totalité des individus et l'on se rendrait alors bien compte de la nécessité du choix au champ, de l'impossibilité d'arriver à un résultat par le simple triage au tas. Mais le groupement des élites sera évidemment préféré parce que plus simple. Et les malades

Cliché *Agriculture Nouvelle*.

Fig. 23. — Inspection d'un champ de pommes de terre.

se trouveront dispersés Or, ces malades vont constituer des foyers d'infection nouvelle qu'il faut anéantir au plus tôt. Il faut donc passer dans la culture le plus souvent possible, depuis le mois qui suit la levée jusqu'à l'automne, pour extirper toutes les touffes suspectes.

Point n'est besoin d'insister sur ce fait, que ce travail d'épuration sanitaire serait facilité, si les produits des différentes touffes retenues étaient plantées à part. J'ajoute encore que le maximum de sécurité serait obtenu, si l'on se décidait à disperser dans d'autres cultures les familles constituées chacune par l'ensemble des pieds nés des divers tubercules d'une touffe. C'est la méthode des Hollandais dont la valeur ne saurait être mise en doute.

Malgré tout, la sélection par simple groupement des produits d'élite constitue une méthode dont l'emploi conduit à des résultats certains. La condition primordiale du succès réside dans *l'épuration sanitaire répétée chaque année*. Je ne désespère pas de voir bientôt se généraliser ce système qui consiste à avoir constamment deux cultures, *la culture de production des tubercules de consommation ou de vente*, la *culture de production du plant*. C'est dans celle-ci, éloignée de la précédente, que se fera l'épuration. Et puisqu'il faut sélectionner indéfiniment, parce qu'on n'est pas maître de la contagion, l'arrachage en deux fois, de la parcelle épurée est nécessaire. On passe d'abord pour récolter les élites, dont le groupement sera employé pour la plantation du *champ de sélection l'année* suivante ; le reste constitue le deuxième choix destiné à la plantation du *champ de production*.

Nombreux seront néanmoins les cultivateurs qui trouveront le système trop compliqué. Je sais fort bien que l'épuration effraie. Se décider à arracher des plants en pleine végétation est pénible, mais qui veut la fin doit vouloir les moyens. Il faut bien dire malgré tout que la récolte des plus beaux pieds — système Aimé Girard — donnera des résultats avantageux, si la culture n'est pas trop dégénérée. Ce serait un progrès énorme, que de s'attacher à reconnaître les maladies et à récolter son plant avant l'arrachage général sur les touffes indemnes. Je vais même plus loin en remplaçant le mot *indemne* par l'expression *moins atteintes*. Nous avons actuellement, pour certaines variétés, telles Early rose ou Blanchard, une telle généralisation des maladies de dégénérescence que tout ce que le praticien peut faire en attendant que de vrais sélectionneurs aient travaillé pour lui, c'est de retarder la déchéance en multipliant ce qu'il possède de moins mauvais. Il sait ce qu'il a, il est loin de savoir ce qu'il achète, même dans le nord ou la montagne. Acheter du plant, sans voir la culture génératrice ou sans la faire visiter, c'est s'exposer à de graves mécomptes. De beaux tubercules peuvent former un très mauvais plant.

Les maladies de dégénérescence ont été seules visées jusqu'ici, mais il est clair qu'au point de vue sélection il en est d'autres qu'il ne faut pas négliger. Les *rhizoctones* parfois, plus souvent les *maladies de flétrissement*, la *maladie du jaune*, peuvent avoir une importance qui prime celle des maladies de dégénérescence. Non seulement elles se superposent à elles, mais elles peuvent anéantir le travail du sélectionneur qui s'est débarrassé de l'Enroulement de la Frisolée, de la Bigarrure, etc .. La maladie du jaune (verticilliose) en particulier est le grand ennemi du sélectionneur en années sèches, dans des pays secs, pour des variétés insuffisamment rustiques pour résister à la pénurie d'eau dans la deuxième phase de la végétation. Les plantes atteintes du jaune doivent être éliminées de la reproduction, bien que leur descendance puisse donner un rendement normal, si les conditions de temps et de lieu le permettent. C'est du côté de la rusticité qu'il faut d'abord s'orienter, on a trop négligé la capacité adaptationnelle des races. Il ne viendra à l'idée de personne de cultiver des blés du Nord dans le Midi, les variétés de pommes de terre ne sont pas davantage des passe-partout. On a trop imprudemment abandonné la culture des variétés rustiques du type Chardon ou Czarine, pour des variétés dites à toutes fins qui ne sauraient exister. Il est enfin des méthodes culturales qui permettront de limiter les dommages. Forcer la dose de nitrate de soude dans la culture des produits sains, dans les milieux sujets à la maladie du Jaune arracher tôt, planter tard ; voilà les conseils les plus judicieux que l'on puisse donner à l'heure actuelle.

La culture retardée est, je crois, appelée à rendre de grands services dans la production du plant et je voudrais voir se multiplier les essais dans cette voie partout où sévit la verticilliose (maladie du jaune) non pas dans le simple but de récolter des tubercules non mûrs, mais dans le but d'assurer à la plante une bonne alimentation en eau dans la deuxième partie de la vie, à un moment où elle est particulièrement vulnérable. Les pluies d'automne sont là pour apporter cette eau qui manque souvent en plein été aux pommes de terre issues de plantation précoce. Je m'excuse de parler d'essais, mais affirmer, se porter garant du résultat quand on n'a que des données expérimentales fragmentaires, me paraît être prétentieux et imprudent.

Le vœu suivant est adopté :

« Le Congrès signale à l'attention des agriculteurs l'intérêt qui s'attache pour maintenir les rendements au procédé de sélection « au champ » exposé par M. le Professeur Ducomet, par le choix de pieds-mères d'élite en vue de la production de plants sains exempts de dégénérescence.

LES ENNEMIS ET AUTRES MALADIES
DE LA POMME DE TERRE

Par M. FRON,

Professeur de Pathologie Végétale à l'Institut National Agronomique.

Les maladies groupées sous la désignation de « Maladies de la Dégénérescence » ne sont pas les seules affections nouvelles dont sont atteintes les cultures de pommes de terre. Beaucoup d'autres se manifestent et l'objet de cette note est de signaler les principales en laissant de côté, d'une part celles qui sont anciennes et bien connues, comme le Mildiou de la pomme de terre et d'autre part celles qui ne se rencontrent que accidentellement comme les zhizoctones, les galles et pourritures des tubercules.

Maladie verruqueuse (*Chrysophlyctis endobiotica*). — Par décret pris le 10 décembre 1910, « l'importation en France de tubercules, de pommes de terre atteints de la galle noire est interdite. »

Ce décret vise une maladie des tubercules qui est actuellement répandue dans une partie de l'Europe, en Allemagne (Rhénanie) et en Angleterre et qui fait des ravages considérables. La galle noire, mieux désignée sous le nom de maladie verruqueuse, se caractérise sur les tubercules par des nodosités, des tumeurs bosselées, de coloration grise légèrement verdâtre avant maturité, de teinte plus foncée ensuite. Développées d'abord au voisinage des yeux, ces tumeurs atteignent parfois un volume considérable et font perdre toute valeur aux tubercules. Leur évolution se produit durant la végétation de la plante et elles peuvent même parfois se constituer sur la partie aérienne à la base des tiges.

Lors de l'arrachage des tubercules atteints, il reste des fragments et des tumeurs dans le sol capables de conserver le champignon parasite qui se trouve à l'état de kystes et qui peuvent conserver longtemps leur vitalité. Des tubercules plantés sur ce terrain à plusieurs années d'intervalle sont susceptibles d'être envahis par la maladie.

Cette maladie n'a pas été signalée jusqu'à présent en France, mais les variétés françaises telles que la Saucisse, l'Institut de Beauvais, y sont très sensibles : des essais d'infection faits en Amérique sur ces variétés de pommes de terre ont parfaitement réussi et les lésions constatées ont été très graves.

Alternaria Solani

Maladie de la bigarrure (*Streak*)

A gauche :
Gale Poudreuse
(*Spongospora subterranea*)

Au milieu : au-dessus Gale commune en creux
—   en bas   —   —   en bosse
(*Actinomyces*)

A droite :
Gale rhizoctonienne
(*Rhizoctonia Solani*)

Galle verruqueuse due au *Synchytrium endobioticum*

Galle verruqueuse due au *Synchytrium endobioticum*

Collerette blanche (*Hypochnum Solani*)

C'est en Angleterre que la maladie a pris le plus d'extension, malgré les mesures de défense dont elle a été l'objet.

Les recherches effectuées ont montré que toutes les variétés sont très inégalement sensibles et que beaucoup sont totalement résistantes. Actuellement le Ministère de l'Agriculture Anglais publie chaque année la liste des variétés résistantes qui seules sont autorisées à être plantées dans les régions contaminées.

La maladie vient d'être constatée récemment en Pologne sur un champ de 1/2 hectare du district de Leszno, très proche de la frontière allemande. Le Ministère a pris de suite les mesures nécessaires pour que les tubercules récoltés soient détruits, qu'il ne soit plus planté de pommes de terre sur ce terrain et même que la traversée en soit interdite pour empêcher toute propagation du mal.

La France qui reçoit des pommes de terre d'Angleterre et parfois d'Allemagne, chez laquelle certaines années l'importation se chiffre par des quantités considérables est très fortement menacée d'autant plus qu'il n'existe chez elle aucun contrôle sérieux à l'entrée.

Il est nécessaire de connaître le danger pour qu'il soit pris toutes mesures de précaution utiles.

Oïdium de la pomme de terre. — C'est en 1920 que M. Ducomet a constaté la présence d'un oïdium sur la pomme de terre. Il n'a pu, lors de cette première constatation, ni caractériser l'espèce, ni se rendre compte de l'importance du mal sur la plante.

Mais en 1921, de nouvelles observations ont permis de retrouver la maladie dans diverses localités, particulièrement en Lot-et-Garonne, sur variétés Industrie et Saucisse ainsi que sur des variétés anglaises.

Sans pouvoir se prononcer encore sur le développement que peut prendre cette nouvelle maladie, il nous a paru nécessaire de la signaler, car nous savons, par l'exemple du Blanc de Chêne particulièrement, combien la diffusion est rapide dans ce genre de champignons.

Remarquons d'autre part que des traitements au sulfate de cuivre effectués par M. Ducomet contre le mildiou semblent avoir entravé le développement de l'oïdium : dans une parcelle de variété Saucisse traitée à la bouillie bordelaise, l'oïdium ne s'est pas développé, alors que dans une parcelle voisine non traitée il a pris un certain développement.

Cette observation est en concordance avec d'autres, sur des champignons analogues et nous conduit à insister sur l'intérêt que présente l'emploi de la bouillie cuprique durant le développement de la pomme de terre. Je ne veux pas parler de la maladie du mildiou, déjà ancienne et trop connue, mais il est regrettable de voir combien on a de difficulté à faire passer dans la pratique courante un traitement reconnu comme efficace contre cette maladie qui cause encore à certaines années des pertes considérables.

Dartrose ou subérose de la pomme de terre (*Vermicularia varians*). C'est encore là une maladie nouvelle ou du moins étudiée pour la première fois par M. Ducomet en 1909 et paraissant répandue en bien des régions : elle est à peu près générale maintenant en France, mais passe le plus souvent inaperçue.

La maladie se manifeste assez tard dans la saison et se caractérise au début par un enroulement des feuilles qui deviennent molles et pendantes, leur coloration s'atténue et il n'est pas rare qu'elles présentent des taches jaunes d'abord, brunes ensuite.

Les tiges se modifient aussi et souvent la partie inférieure commence à se déssecher, présentant des bandes longitudinales blanchâtres provenant d'un décollement de l'écorce et déterminant plus tard des fentes et craquelures sur la longueur de la tige. Toute la plante se flétrit comme à la suite d'une sécheresse exagérée et à la moindre traction la tige se brise à la base. Mais lorsque ces lésions se manifestent, les organes souterrains : stolons et racines sont déjà fortement attaqués et en partie desséchés. Dans ces conditions les tubercules ne peuvent évoluer ; ils sont petits, irréguliers et souvent ont perdu toute consistance, présentant à la section une coloration jaune brunâtre. Fréquemment des tubercules aériens se produisent sur la partie inférieure des tiges de plantes envahies.

L'étude microscopique de ces lésions a permis de mettre en évidence la présence d'un champignon, le vermicularia varians, qui est la cause du mal : des essais d'infection qui ont été réalisés ne laissent pas de doute à ce sujet.

D'après les recherches faites, il semble que la maladie est surtout développée durant les années de sécheresse, l'influence du milieu, du terrain, seraient particulièrement manifestes à ce point de vue.

Pour le moment il n'est pas possible de préconiser un traitement spécial contre cette maladie, mais il convient d'en suivre le développement et de préciser les conditions de son évolution.

La teigne de la pomme de terre (*Phthorimoea operculella Zell*). — La teigne est un insecte d'origine étrangère, sans doute de Californie, qui a été introduit en France il y a un quart de siècle aux environs d'Hyères et s'est répandu dans le Midi surtout dans le Var.

Cet insecte appartient au groupe des microlépidoptères et vit à l'état de papillon, de chenille et de chrysalide. Il peut avoir plusieurs générations par an, jusqu'à six dans le Midi, de telle sorte que l'on peut trouver simultanément l'insecte aux différents stades de son évolution sur une même plante ; les générations de printemps et d'été s'attaquent aux feuilles de pommes de terre et les tubercules conservés en magasin sont perforés de nombreuses galeries noires par l'insecte à l'état de chenille ; à température un peu élevée, la teigne peut se multiplier très rapidement et il suffit de quelques mois pour qu'un lot de pommes de terre faiblement attaqué au début soit totalement envahi.

Heureusement la propagation de cet insecte paraît très limitée jusqu'à présent en France ; c'est dans le Var que la maladie se trouve à peu près cantonnée et pour éviter les dégats de l'insecte, on a été réduit à supprimer totalement dans certaines régions la culture de la pomme de terre d'été et à se limiter à la production de primeur.

Néanmoins la présence de l'insecte a été signalée dans l'Hérault et dans la Drôme (1917-1918). Il convient d'entraver ses progrès : sur l'instigation de M. Marchal, Directeur de la Station entomologique de Paris, M. Trouvelot, étudie en ce moment l'acclimatation d'insectes auxiliaires qui en Amérique s'attaquent aux générations de teigne, sur les feuilles et les détruisent. Le parasite envoyé est un Braconide du nom de Habrobracon Johanseni, Var, et est l'objet d'une étude approfondie dont les conclusions ne sont pas encore publiées.

M. le Président communique une note de M. Trouvelot, Ingénieur Agronome, Préparateur à la Station entomologique de Paris, relative à la « Teigne de la Pomme de Terre ».

M. Poher. — Il y aurait intérêt à développer les Services de surveillance des cultures qui permettraient de se rendre compte immédiatement de la présence d'une maladie susceptible de s'étendre rapidement et de causer des ravages considérables. Si un contrôle sérieux des cultures avait existé, il n'est pas douteux qu'on aurait pu signaler cette maladie plus tôt et prendre de suite des mesures énergiques. Ces services de surveillance pourraient être créés par les Associations agricoles, ou par les offices régionaux ou départementaux. Il y aurait lieu également de demander que les traitements contre le mildiou soient plus répandus.

J'ai l'honneur de déposer le vœu suivant :

« Le Congrès appelle l'attention des pouvoirs Publics sur l'insuffisance des services officiels de surveillance des cultures, demande qu'un contrôle efficace soit exercé dans toutes les régions de France et particulièrement dans les centres importants de culture de pomme de terre, en collaboration avec les Offices et Sociétés agricoles.

Que les agriculteurs soient invités à signaler sans retard aux Directions départementales des services agricoles l'apparition de maladies ou insectes susceptibles de causer des ravages sérieux à leur culture.

Que les traitements propres à combattre ces fléaux leur soient enseignés par des démonstrations pratiques dans les champs et qu'ils soient encouragés à les pratiquer par des prix en argent ou en nature.

Que les laboratoires de recherches soient dotés d'un matériel suffisant en vue de la mise au point rapide et en grand des méthodes de traitement trouvées au laboratoire ».

LA TEIGNE DE LA POMME DE TERRE

Par M. TROUVELOT,

Ingénieur-agronome, Préparateur à la Station Entomologique de Paris.

La teigne de la pomme de terre *(Phthorimoea operculella Zell)* est un Microlépidoptère dont la chenille vit aux dépens des tubercules et des feuilles des pommes de terre.

Devant l'importance des dégâts causés par cet insecte depuis son introduction en France, le Service des Stations de recherches des épiphyties a entrepris sous la direction de M. Marchal une série de travaux relatifs à l'étude des moyens de lutte contre cette mineuse.

La teigne semble avoir été introduite sur le littoral méditerranéen de la France, aux environs d'Hyères vers le début de ce siècle ; elle s'y multiplia rapidement.

Le premier travail qui s'imposait, celui de l'étude biologique de la teigne, fut confié en 1911 à M. Picard, alors Directeur de la station entomologique de Montpellier. Cette étude très détaillée parut en 1912 dans le tome 1 des *Annales des Epiphyties.*

Je ne ferai que rappeler brièvement le cycle évolutif de l'insecte :

Les couples se forment presqu'aussitôt la naissance des adultes ; peu de jours après, les femelles fécondes pondent chacune une moyenne de 80 œufs. Une seconde ponte peut avoir lieu plus tard, si un nouve laccouplement se produit.

Les œufs sont déposés de préférence sur les feuilles des pommes de terre, si la ponte a lieu avant la récolte des tubercules ; directement sur ces derniers dans le cas contraire. Dix jours après le dépôt de l'œuf en hiver deux jours après en été, a lieu l'éclosion de la jeune chenille. Celle-ci munie de fortes mandibules, perfore rapidement la peau des tubercules et pénètre dans leur intérieur. Pour se nourrir, elle creuse une longue galerie située non loin de la surface et dont le diamètre augmente en raison de l'accroissement de la taille de la chenille. Ces galeries sont plus profondes, si les chenilles sont en grand nombre dans un même tubercule. La période de croissance dure de 10 jours à un mois suivant la saison.

La chenille adulte a 12 millimètres de longueur en moyenne, elle possède 3 paires de petites pattes noires. Souvent sa partie dorsale est rosée. Elle quitte alors le tubercule nourricier et construit son cocon dans un coin abrité (angles, fentes de planchers, plis de sacs, fissures des murs...) La confection du cocon dure un jour en moyenne. Elle est suivie presqu'aussitôt de la nymphose. Douze jours à un mois après, les adultes éclosent.

Ceci montre la rapidité avec laquelle la teigne peut se développer, surtout si la température est élevée. Picard évalue que six générations successives peuvent avoir lieu dans le Midi de la France.

Les dégâts causés par cette mineuse sont de deux sortes :

D'abord la récolte est diminuée par suite de l'attaque des feuilles par les générations de printemps ou d'été.

Ensuite, les tubercules récoltés sont dépréciés du fait qu'ils sont perforés de nombreuses galeries noires et que de plus ils ne peuvent se conserver longtemps.

De plus, la teigne se multiplie rapidement dans les caves et il suffit de quelques mois pour qu'un lot de pommes de terre faiblement attaqué au début ne devienne impropre à tout usage.

Dépréciation considérable des tubercules lors de leur récolte, d'où difficultés pour la vente ; impossibilité d'envisager leur conservation, vu la croissance rapide du mal ; tels sont les résultats de l'introduction de la teigne.

Moyens de lutte. — La lutte contre cet insecte semble devoir porter de préférence sur les points suivants :

Un premier point important serait d'atteindre les générations vivant sur le feuillage. On pourrait ainsi diminuer de beaucoup le pourcentage des tubercules atteints lors de la récolte ; le débouché de la vente immédiate s'ouvrirait de ce fait. En outre, ces tubercules peu atteints se conserveraient plus longtemps dans les celliers.

Un second point consisterait à empêcher la multiplication rapide des teignes dans les tubercules, ce qui permettrait la conservation des récoltes après leur emmagasinement.

Qu'avons-nous actuellement à notre disposition pour atteindre ces buts ? Comment procède-t-on pour combattre la teigne de la pomme de terre ?

Les pays atteints ont eu recours à un moyen extrême ; ne plus cultiver les pommes de terre l'été ; se limiter à la production des primeurs qui peuvent être arrachées avant l'époque où les chenilles se rencontrent dans les tubercules (1) ; compenser par des achats effectués dans d'autres départements les déficits de production dus à cette pratique ; ne pas conserver des pommes de terre d'une année sur l'autre.

La culture estivale de la pomme de terre n'a plus lieu que dans les fermes éloignées des villes pour assurer la consommation familiale. La récolte faite, on la protège soit par une couche d'algues, soit par des toiles ou encore par une forte couche de sable.

Changer un pays exportateur en un pays importateur, tel peut se résumer le résultat final de l'importation de la teigne des pommes de terre en France. Et encore il faut tenir compte que, dans la région où cet insecte a été introduit, les cultivateurs avaient à leur disposition la ressource de culture à contre saison, ce qui atténue le mal.

Dans les autres régions de la France, cette ressource pécuniaire ne peut être envisagée. L'importance de la gêne économique due à l'introduction de la teigne, au cas où elle se produirait, semble devoir y être beaucoup plus grande. Il faut rappeler ici que la teigne vient d'être signalée assez récemment dans les départements de la Drôme et de l'Hérault.

Divers moyens de lutte contre la teigne peuvent être employés ; il a déjà été indiqué plus haut ceux qui sont d'un emploi courant dans le pays. De plus, M. Marchal a entrepris l'étude d'un nouveau procédé de lutte contre la teigne, procédé basé sur l'emploi des insectes auxiliaires ; M. Marchal continue ainsi, par ce travail, la mise en pratique de cette méthode de lutte dont il fut en France à la fois l'initiateur et l'organisateur de tous les

---

(1) Il semble que l'on puisse **expliquer** ce fait de faible attaque des récoltes de primeurs, par la présence de fanes vertes lors de l'arrachage de ces tubercules de printemps : les chenilles du **feuillage** n'émigrant vers les tubercules que lorsque celui-ci se dessèche.

travaux entrepris ; tels ceux de lutte contre l'Iceyra, les pseudococcus et le puceron lanigère.

La teigne est très probablement un insecte californien ; dans ce pays son extension et ses dégâts sont limités par l'action de nombreux parasites, aussi est-elle restée longtemps presqu'ignorée.

Cette méthode de lutte par l'emploi des auxiliaires offre l'avantage de ne pas charger les cultivateurs d'un surcroît de dépenses ; il y a lieu d'espérer que cet essai pourra être l'origine d'améliorations dans les conditions économiques de la culture des pommes de terre dans le département du Var. En effet, les parasites se montrent, en Amérique surtout, efficaces contre les générations des feuilles ; ils les déciment; aussi, lors de leur récolte, les tubercules sont peu atteints et leur vente immédiate est assurée ; leur conservation est aussi rendue beaucoup plus facile. De plus, les parasites atteignent tous les foyers de la teigne qui perpétuent cet insecte d'une année à l'autre : c'est-à-dire les tubercules malades rejetés dans les champs par les agriculteurs peu soucieux et ignorants.

Dès 1918, M. Marchal se mit en relations avec les services Américains et en particulier le Bureau d'entomologie de Washington et obtenait l'envoi en France d'une première colonie d'hyménoptères parasites. Leur élevage fut entrepris, malgré les difficultés dues à l'absence complète de renseignements sur ces parasites, leur petit nombre, les conditions climatériques peu favorables à ce moment pour l'élevage des teignes et surtout les difficultés d'études dues à l'état de guerre. En novembre 1919, M. Marchal obtint de nouveaux envois de parasites plus abondants cette fois.

Le parasite envoyé est un Braconide du nom de Habrobracon Johanseni Var.

Ce travail d'acclimatation étant une œuvre de longue haleine, ses conclusions définitives ne peuvent être formulées à l'heure actuelle.

LA QUESTION DORYPHORIQUE

Par M. le Dr FEYTAUD,

Directeur de la Station de Phytopathologie de Bordeaux

On a déjà beaucoup parlé du Doryphore, surtout depuis deux ans. J'estime qu'on n'en parlera jamais trop, ni jamais assez, car il s'agit d'un fléau de première importance.

Ceux d'entre vous qui ne l'ont encore jamais vu peuvent se l'imaginer sous les traits flatteurs d'une grosse bête à bon Dieu qui aurait un centimètre de long et qui serait vêtue d'un habit rayé noir et jaune avec une encolure orange ornée d'arabesques brunes.

C'est un bel insecte. Sa larve elle-même offre à nos regards une robe d'un vif éclat, rouge avec des rangs de boutons noirs.

L'habit est, hélas ! trompeur, car, sous ce frac irréprochable d'élégance et de coloris, se cache une bien triste bête. Ce n'est pas une Coccinelle, mais une vorace Chrysomèle, qui s'est fait une spécialité de dévorer le feuillage des différentes solanées.

Le Doryphore goûte peu le Tabac et le Datura, prend volontiers Morelle, Douce-Amère, Tomate, Aubergine et se montre avide de la Pomme de terre, qui est devenue très vite son régime de prédilection.

Il n'attaque pas les tubercules dans le sol, mais broute essentiellement les parties vertes. Larve et adulte suivent le même régime, de telle sorte que leurs dégâts combinés peuvent supprimer feuilles et tiges jusqu'au ras du sol, et faire disparaître des champs entiers, comme nous l'avons vu se produire en 1922, dans la région bordelaise.

L'insecte passe toutefois beaucoup de temps sous la terre : à l'état de larve puis de nymphe, à l'occasion de la métamorphose ainsi qu'à l'état adulte pour résister à la mauvaise saison.

Ce qui le rend particulièrement redoutable, c'est son pouvoir de multiplication : il n'est pas rare, en effet, que les femelles pondent plus de mille œufs chacune, et trois générations peuvent se succéder au cours de la saison végétative, de telle sorte qu'un champ sur lequel tombe une pondeuse peut fournir au bout de l'an près d'un demi-million d'insectes, capables de produire à leur tour un nombre énorme de foyers analogues.

Si nous remontons par la pensée, d'un siècle en arrière, nous voyons ce Coléoptère installé paisiblement au versant des Montagnes Rocheuses, sur les plateaux du Colorado. Il y vivait aux dépens de Solanées sauvages, notamment du *Solanum rostratum*, et, comme les peuples heureux, n'avait pas d'histoire.

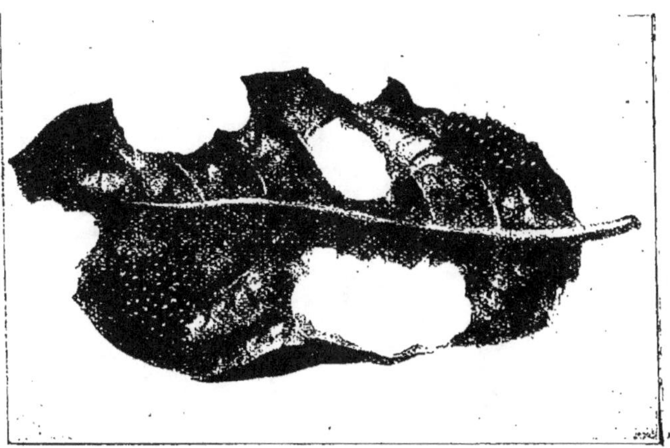

Cliché *Vie à la Campagne*.
FIG. 24. — Œufs du doryphora.

Son histoire date du moment où, vers le milieu du XIXe siècle, la

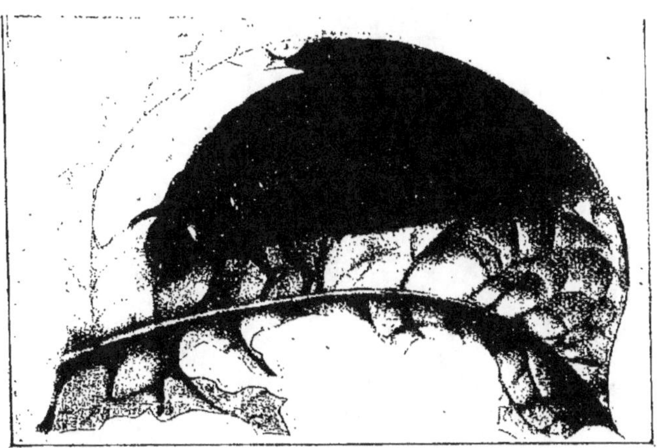

Cliché *Vie à la Campagne*.
FIG. 25. — Larve du doryphora.

vogue croissante de la pomme de terre (*Solanum tuberosum*) fit arriver cette plante jusqu'à lui.

LE DORYPHORE

1. Œufs — 2. Œufs en éclosion — 3. Jeunes larves — 4. Larves de 10 à 12 jours — 5. Larves entièrement développées.
6. Nymphes — 7. Insectes adultes.   (Cliché du Ministère de l'Agriculture, 1877.)

Offert par la **SOCIÉTÉ D'ÉTUDE ET DE VULGARISATION DE LA ZOOLOGIE AGRICOLE** de Bordeaux.

Ce fut l'occasion, l'herbe tendre, qui tenta la gourmande Chrysomèle et qui décida de tout l'avenir de sa race. Le feuillage nouveau lui plut ; elle l'eut en abondance sur des champs nombreux entretenus et travaillés par l'homme, au lieu de vivre chichement sur les pieds épars de Solanées sauvages.

Les champs du nouveau tubercule, disséminés partout à travers la campagne américaine, lui servirent de terrains de peuplement, où les légions pullulèrent de façon rapide et démesurée, en même temps que de relais pour une course folle de la Montagne à la Mer, du Colorado au Mississipi, puis de ce fleuve au littoral atlantique, course accomplie à la vitesse moyenne de 140 kilomètres par an.

Cliché Vie à la Campagne

Fig. 26. — Doryphora adulte.

Au terme de cette marche foudroyante vers l'Est, en 1876, plus du tiers des Etats-Unis était déjà conquis par cet Insecte, naguère indifférent et localisé, désormais fléau redoutable. Les journaux et revues de l'époque témoignent de sa gravité. Ils parlent des essaims énormes s'abattant sur les voies de chemin de fer, sur les bateaux en partance, ou rejetés par le flot le long des plages, où ils ne laissaient pas d'être très importuns. Il est d'ailleurs édifiant de lire les pages dans lesquelles le grand entomologiste américain Rilet commentait déjà la menace pesant sur l'Europe. L'avertissement n'était que trop juste, puisque nous voyons cette menace se préciser aujourd'hui par une attaque de grande envergure après une série d'insignifiantes alertes.

L'exemple de là-bas doit nous servir de leçon. L'Europe est une contrée favorable à cet insecte, au même titre que l'Amérique du Nord, et nous risquons fort que la Gironde, où le mal s'est développé tout d'abord, soit, à l'instar du Colorado, le berceau fatal d'où les hordes prolifiques déferleront en nappe sur le vieux continent.

C'est pourquoi la question du doryphore, comme naguère celle du phylloxéra, nous intéresse tous. La taille relativement grosse de l'insecte, qui est bien visible à l'œil nu, le rend plus accessible à nos investigations que n'était le puceron de la vigne. Nous sommes d'ailleurs beaucoup mieux instruits et mieux armés vis-à-vis du nouvel envahisseur que nous ne l'étions vis-à-vis de l'autre. Nous pouvons et nous devons l'étouffer sur place et le chasser au plus vite pour ne pas lui permettre d'acquérir droit de cité chez nous.

D'aucuns invoquent à l'appui de leur inaction la faible importance de la pomme de terre parmi les cultures de leur commune. « Cette plante, disent-ils, tient si peu de place chez nous. » ! Soit ! mais elle tient aujourd'hui une si grande place dans l'alimentation humaine et sa protection est une question vitale pour la France et pour le monde entier. Quelques pieds de pommes de terre égarés dans un coin de jardin peuvent, si vous n'y prenez garde, assurer l'élevage clandestin d'une ou deux générations de bestioles qui contamineront par la suite des centaines ou des milliers de champs.

Soyez donc tous en éveil, appelez l'attention de votre entourage sur le fléau qui s'avance et qui, de chez vous, risque de rebondir, en éclaboussures à de très grandes distances. Pour l'endiguer et pour l'abattre, une vaste propagande s'impose. Déjà les offices départementaux ont fait beaucoup dans cette voie et la Société de Zoologie agricole leur donne une aide salutaire. Planches coloriées, brochures, tubes échantillons, ont été distribués aussi largement que possible et le corps enseignant prête aux Services de lutte un concours efficace. Il convient qu'au plus tôt les agriculteurs soient partout capables de déceler cette peste et de la signaler sans retard aux Services agricoles chargés de la défense collective.

La lutte contre ce fléau doit être au premier plan de nos préoccupations, car nous encourrions, nous Français, une grosse responsabilité vis-à-vis de l'Europe en permettant qu'il s'enracine dans notre sol ; nous en serions nous-mêmes les premières victimes, puisque l'entrée du doryphore à titre définitif dans la faune de notre pays y grèverait pour toujours la culture d'une charge de traitements onéreux, au moins aussi lourde que celle dont la vigne est déjà grevée par le fait du mildiou.

Vous savez que la présence du ravageur sur une parcelle du territoire a déjà des répercussions sur notre commerce intérieur et vous n'ignorez pas que son extension peut nous fermer les marchés étrangers. L'Angleterre nous a tout de suite montré cet autre côté du problème.

Il ne s'agit donc pas d'envisager seulement la perte de récoltes actuelles de quelques champs de Guyenne ou du Périgord, mais de voir plus loin, de prévoir l'invasion totale du territoire français, puis celle de toute la zone tempérée d'Europe et d'Asie.

Il faut surtout aller vite, car la maudite bestiole, qui progresse à pas de géant, ferait payer cher toute négligence de notre part.

LA LUTTE CONTRE LE DORYPHORA DANS LA RÉGION DU SUD-OUEST

Par M. Bacon,
Directeur des Services agricoles de la Dordogne.

Apparition en France. — La menace du Doryphora pour l'Europe, avait été déjà envisagée de 1875 à 1880 lorsque cet insecte, parti du Colorado, eut atteint, sur une très grande étendue, la côte orientale de l'Amérique du Nord.

Des insectes vivants furent, en effet, capturés dans le port de Brême, et dans quelques champs près de Cologne et de Torgau.

De nouvelles craintes s'élevèrent en 1887-1888 lorsque furent découverts deux nouveaux petits foyers en Allemagne, puis en Angleterre.

Des mesures énergiques furent prises et ces foyers s'éteignirent après la défense d'importation de tubercules d'origine américaine.

Puis le silence se fit sur ce redoutable ennemi pendant de longues années.

Puis, brusquement le 15 juin 1922, le Doryphora était reconnu et signalé en Gironde, où il causa d'importants dégâts. Sans que ce point ait été encore nettement étudié, il semble vraisemblable que le Doryphora ait été apporté par l'armée américaine, lors du transport de ses marchandises au cours de la guerre. Il s'est vite acclimaté.

I. — Description de l'insecte. — Le Doryphore est appelé *Leptinotarsa decemlineata.* C'est un coléoptère chrysomélide.

M. le Dr Feytaud, Directeur de la station entomologique de Bordeaux qui l'a tout particulièrement étudié, en donne la description suivante :

INSECTE PARFAIT. — A l'état d'insecte parfait, le Chrysomèle de la pomme de terre présente une taille assez imposante ; elle dépasse largement un centimètre de long, sauf rares exceptions. Les dimensions sont du reste variables dans le même sexe et les mâles sont généralement plus petits que les femelles. La taille moyenne est à peu près celle de la grosse Chrysomèle rouge du Peuplier et du Saule (*Lina populi L.*) ; mais la forme plus régulièrement ovalaire et la robe, plus richement décorée, évoquent l'idée d'une Coccinelle géante.

A la face dorsale de la tête, sur un fond roux, se détachent en noir :

une marque centrale impaire en forme de triangle équilatéral avec un angle dirigé vers l'arrière et le bord antérieur souvent échancré de façon à simuler un cœur ; deux taches latérales à contour arrondi, correspondant aux yeux, et deux postéro-latérales souvent fusionnées avec les précédentes et parfois réunies l'une à l'autre sur la ligne médiane. Ces deux dernières marques ne sont bien visibles que lorsque la tête est en extension ; en position rétractée, elles se cachent sous le bord du thorax. Les antennes, fauves à la base, sont noires dans la majeure partie de leur longueur.

La teinte fondamentale du corselet est à peu près la même que celle de la tête. Des parties noires s'y détachent aussi ; ce sont, en général le long du bord antérieur, quatre points noirs régulièrement espacés ; près du bord postérieur, deux traits symétriques parallèles à lui et une sorte de virgule médiane impaire ; vers le centre, deux fortes macules antéro-postérieures allongées, plus ou moins parallèles, fréquemment unies en H, en U ou en V, parfois arquées en forme de lyre ou coudées en avant, et pouvant se confondre avec les points noirs submédians ; enfin sur les côtés, en direction générale oblique vers les angles postérieurs, deux grosses taches irrégulières et sinueuses, morcelées sur beaucoup d'individus.

Les élytres, à fond jaune, d'un jaune paille, bien différent du ton roussâtre de la tête et du corselet, portent chacune cinq bandes longitudinales noires très nettes qui ont fait donner à l'insecte son nom spécifique. La première souligne le bord marginal ; la deuxième se termine librement en arrière en s'effilant près de l'extrémité de l'élytre ; la troisième, très voisine du bord sutural en est séparée en avant, mais s'effile et s'efface vers lui en arrière. L'écusson et le bord sutural même dans son tiers antérieur sont teintés de noir, ce qui donne une onzième ligne tout à fait incomplète. L'union en arrière des troisième et quatrième bandes et la présence le long de chacune de doubles rangées de ponctuations distinguent l'espèce de quelques voisines.

Le dessous du corps est roux, marqué de taches sombres parallèles aux lignes de séparation des segments.

Les pattes sont jaunes, avec les hanches, les trochanters, les genoux et les tarses noirs. Les tarses sont grêles et faibles (d'où le nom de Leptinotarsa), si bien que l'insecte semble marcher sur les talons au lieu de s'appuyer sur les phalanges.

La disposition des taches offre chez le Doryphore de très fortes variations, du moins sur la tête et le corselet.

L'ensemble des dessins et notamment l'alternance des bandes jaunes et noires sur les élytres donnent à l'insecte un air tout à fait attrayant, étrange caprice de la nature qui accorde parfois la séduction et la grâce à des êtres néfastes.

ŒUFS. — Les œufs, déposés par touffes sur les feuilles, en général au revers du limbe, sont d'un jaune orangé à l'approche de l'éclosion. Leur forme est ovoïde et allongée, leur position dressée ; leur plus grande dimension dépasse un millimètre et demi.

Larve. — Les larves, qui ont à peu près 2 mm. de longueur à la naissance, en mesurent plus de 15 au terme de leur développement. c'est-à-dire de deux à trois semaines plus tard. Elles sont molles, grasses, dodues, ce qui leur vaut auprès des Américains l'appellation commune de limaces. Leur teinte générale est rouge, d'un rouge vif dans le jeune âge, d'un rouge plus clair et orangé vers la fin du développement.

Toutes jeunes, elles ont, comme la plupart des larves naissantes d'insectes, une forme en têtard. Tête et thorax constituent la partie la plus large du corps et apparaissent entièrement noirs lorsqu'on les regarde par la face dorsale. Les autres segments, de plus en plus étroits d'avant en arrière, portent deux gros points noirs sur chaque flanc et, sur le dos, quatre tout petits disposés sur autant de files longitudinales. Les deux derniers segments, les plus étroits, sont largement assombris.

Plus âgée, la larve a changé de forme. Sa tête est relativement très petite. Un premier renflement se dessine en arrière d'elle, au niveau du prothorax qui est barré transversalement d'une bande noire partagée en deux moitiés symétriques par une ligne médiane claire. Un étranglement situé au niveau du mésothorax sépare le corselet du corps. Sur le méso et le métathorax existent deux points noirs latéraux dont un prédominant (le supérieur) et sur le dos deux petites taches symétriques rapprochées de la ligne médiane. L'abdomen est renflé, gonflé au maximum, ce qui rend le profil du dos très convexe.

Les quatre rangs de points noirs qui marquaient la face dorsale de la jeune larve se sont effacés avec l'âge, au fur et à mesure que la peau se distendait.

Les deux derniers segments de l'abdomen forment une partie effilée, extensible et rétractile comme un tube télescopique, terminée par deux pseudopodes utilisés dans la marche ; dorsalement, chacun porte une large tache noire.

Sur chaque côté de l'abdomen se trouvent deux séries de points noirs correspondant à des tubercules.

Les pattes sont toutes noires. Lorsqu'on cherche à les saisir, les doryphores larves ou adultes secrètent une bave brunâtre à rôle défensif.

Nymphe. — Longue de 10 à 12 mm., la nymphe est aplatie dorsoventralement ; la face dorsale est bombée la face ventrale plane ou légèrement concave ; l'extrémité postérieure forme une pointe, sorte de pygidium dont la teinte est gris noirâtre, tandis que tout le reste du corps est d'une belle couleur rose ou rouge orangé.

Confusions possibles. — Cette description était utile et nous avons cru devoir la faire avec quelques détails, parce que les erreurs sont fréquentes. Par ce temps d'invasion, malgré les descriptions, forcément sommaires, données par les journaux, nous voyons des confusions grossières se faire jour, même de la part de gens instruits.

La plupart des insectes pris à tort pour des Doryphores sont des punaises ou des coccinelles en cours de développement. Parmi les punaises, ce sont des Pentatomides, notamment des espèces noires ou sombres, tachetées de jaune ou de blanc, comme Eurydema oleracea L. et Sehirus bicolor L. ou plus franchement vertes, comme Nezara viridula L.

Il n'est pas jusqu'à la gracieuse et bienfaisante punaise bleue (Zicrona cœrulea L.) qui n'ait aussi donné le change ; déjà tant de fois méconnue par confusion avec l'Altise de la vigne, qu'elle décime couramment dans nos vignobles, on la prend comme ennemie lorsqu'on la trouve sur le feuillage de la pomme de terre, la confondant avec le Doryphore dont elle peut faire sa proie.

Puis ce sont les coccinelles, les gracieuses bêtes à bon Dieu, avec lesquelles le Leptinotarsa aux élytres richement parées présente sous la forme adulte une ressemblance évidente, mais qui sont toujours beaucoup plus petites que lui. La confusion se produit souvent aussi entre les larves de la chrysomèle et les larves des coccinelles ou leurs nymphes fixées aux feuilles.

Il semble y avoir là des analogies grossières qui justifient l'erreur de personnes n'ayant pas encore vu le Doryphore et n'ayant sous les yeux qu'un signalement bref. Mais il se produit des fautes plus lourdes comme celle qui consiste à prendre pour Leptinotarsa des insectes quelconques, Coléoptères ou non, rencontrés sur les parties aériennes de la plante. Cela prouve combien il est nécessaire de vulgariser la connaissance du Doryphore.

II. — **Biologie.** — Cycle évolutif et fécondité. — L'hiver se passe à l'état d'insecte parfait dans le sol, à une profondeur variable de 20 à 40 cm. en général, parfois jusqu'à près d'un mètre d'après les auteurs américains.

Aux premiers beaux jours, les Doryphores sortent de terre, se réchauffent au soleil, puis rôdent de ci de là enquête de nourriture, ou plutôt s'envolent pour un déplacement qui peut atteindre de grandes distances.

Au bout de la course, lorsque les pommes de terre ayant poussé, les insectes trouvent à leur portée l'aliment favorable, ils s'installent sur les parties vertes, broutent quelque temps et s'accouplent. Les femelles fécondées ne tardent pas à commencer leur ponte, déposant leurs œufs sur le feuillage. Cinq ou six jours par beau temps, sept à huit par temps plus frais, suffisent à l'incubation. Les larves se nourrissent avec une telle avidité qu'elles grossissent très vite et que, quinze jours après la naissance, elles ont acquis à peu près leur plus grande taille.

A ce moment les larves descendent en terre dans la couche superficielle du sol, où elles se transforment en nymphes, état qui se maintient une dizaine de jours. Au total, on peut compter sur une durée approximative de 6 jours à l'état d'œufs, 18 à l'état de larve, 10 à l'état de nymphe, soit 34 jours environ entre le moment de ponte et celui où les individus issus de cette ponte, sont en état de pondre à leur tour, c'est-à-dire pour la durée minimum d'une génération.

En supposant l'invasion du champ de pommes de terre commençant au début du mois de mai, il y aurait une première génération en mai-juin, une deuxième en juin-juillet, uné troisième en juillet-août. En réalité, ce n'est pas aussi simple, car, de même que chez l'Altise de la vigne, étudiée par Picard, les générations chevauchent largement, au point que les femelles ayant hiverné peuvent être encore vivantes et fécondes au moment où apparaissent à l'état parfait leurs filles et petites-filles. Il y a donc entre les générations successives de l'année une véritable superposition.

Le nombre des générations n'est pas fixe ; le plus souvent il y en aurait deux en Amérique et Tower a même considéré ce nombre comme constant, si bien qu'il a voulu en faire un caractère générique. Dans les parties les plus chaudes de son aire géographique, l'insecte aurait trois générations, parfois même l'ébauche d'une quatrième. En Gironde, le cycle de l'insecte paraît avoir atteint déjà la troisième génération à la fin de juillet.

De toute façon les larves disparaissent avant l'hiver ; il ne reste plus alors que des insectes parfaits, qui émigrent parfois à l'automne et qui gagnent leurs quartiers d'hiver dans le sol.

Il faut remarquer que les hivernants ne sont pas tous des individus de la dernière génération de l'année, qu'ils peuvent être en partie des individus des générations précédentes.

La fécondité est estimée en moyenne de 500 à 1.000 œufs.

Le nombre des œufs groupés en une seule masse est variable. Rarement l'œuf est isolé ; cela n'a guère lieu que si la femelle est dérangée tout de suite ; ordinairement le nombre dépasse 30, il peut atteindre 80.

Alimentation et dégats. — Les ravages sont occasionnés par les larves et par les insectes parfaits, qui dévorent les feuilles et qui ne se font point faute, ces derniers surtout, de mordre les rameaux succulents et les tiges.

Les larves sont très vocaces, ainsi que le prouve la rapidité du développement qui, d'une menue bestiole sortant de l'œuf, fait en 15 ou 18 jours la bête grosse et grasse décrite tout à l'heure. Les adultes le sont aussi, tout au moins par intermittence, mais ils peuvent supporter un jeûne de plusieurs semaines.

Les attaques des uns et des autres aboutissent à la suppression du feuillage et des tiges, au dépérissement de la plante et, par suite à l'arrêt du développement et à l'altération des tubercules.

En général, au début de l'invasion d'un champ, quelques pieds seulement sont détruits ; le mal s'y développe par petites taches qui s'étendent et se rejoignent au cours des générations successives. En Gironde, il a été constaté cette année 1923 des champs complètement ravagés, dans lesquels toutes les parties aériennes avaient disparu et dont les insectes affamés s'éloignaient pour envahir des champs encore verts.

Le nombre des insectes se trouvant sur un seul pied dans un foyer très atteint peut être énorme et la déprédation rapide.

Le Leptinotarsa decemlineata ne s'est évidemment pas toujours nourri au dépens de la pomme de terre. Il vivait primitivement sur les solanées sauvages, tels que le Solanum restratun, espèce abondante dans son pays d'origine, et c'est secondairement qu'il s'est adapté à vivre de préférence sur le Solanum tuberosum, dès que celui-ci fut cultivé dans le voisinage.

Depuis, la pomme de terre est demeurée partout sa nourriture de prédilection, si bien qu'on peut donner au Leptinotarsa le nom de Chrysomèle de la pomme de terre aussi bien qu'on donne le nom d'Altise de la vigne à l'Haltica ampelophaga primitivement cantonnée sur des plantes du bord des eaux.

Fig. 27. — Plant de pommes de terre dévoré par le doryphora.

C'est un insecte polyphage, surtout un amateur de solanées attaquant peu ou prou toutes les plantes de cette famille, cultivées ou non, à défaut de sa nourriture favorite. On a pu le voir sur l'aubergine, la tomate, le tabac (rarement) la douce-amère, la morelle, l'alkékenge, le datura, la jusquiame, la belladone, le pétunia.

Il a été constaté en Gironde que, tant qu'il y a du feuillage frais de pomme de terre à sa portée, le Doryphore ne s'attaque pas à d'autres solanées ; qu'à défaut de pomme de terre, il prend assez volontiers la tomate, la douce-amère, et la morelle, tandis qu'il accepte difficilement le tabac et le datura.

PROPAGATION. — La propagation du doryphore peut avoir lieu sous une forme quelconque par le fait d'un transport accidéntel avec des parties de végétal, mais elle a lieu presque toujours sous la forme adulte, c'est-à-dire à l'état ailé.

Le vol permet aux insectes de se transporter au loin, surtout au printemps et à l'automne, périodes que l'on considère comme les époques des grandes migrations. En Amérique, on a constaté des vols par grosses quantités, notamment dans l'Est où, vers 1874, les Doryphores ailés s'abattaient en masses sur les voies ferrées qu'ils rendaient glissantes, sur les navires dont ils parsemaient les ponts, sur la mer d'où ils étaient rejetés par bandes à la côte. Certains vols observés comprenaient plusieurs milliers d'individus. Nous n'avons pas encore eu l'occasion de voir de telles migrations en Gironde, mais nous avons recueilli des témoignages qui permettent de penser qu'il s'en produisit en mai-juin autour de la zone de développement primitive. Au reste, nous avons vu les ébauches de plusieurs petits foyers produits sans conteste par des ailés tombés par groupes sur les champs.

Le vent joue certainement un grand rôle en favorisant le vol à distance. Il a beaucoup aidé à répandre le fléau en Amérique et nous constatons déjà chez nous une extension plus grande dans la direction des vents dominants de mai-juin.

Une autre action très importante est due aux grands moyens de transport créés par l'homme. Les trains de chemins de fer happent au passage des insectes de toute sorte, qu'ils ne rendent parfois à la nature que beaucoup plus loin. Ce fait, sans grande importance lorsqu'il s'agit du déplacement d'insectes indigènes, en prend une énorme avec un insecte nouveau originaire d'un autre continent, et qui est, fort nuisible.

III. Causes favorisantes et causes contraires. — Au point de vue climatique, on peut dire que le doryphore est un insecte des régions tempérées. On le trouve en Amérique entre les parallèles de 30° et de 50°, limites qu'il dépasse sensiblement au Nord dans le Centre du Canada, au sud dans le Texas sur la côte du golfe du Mexique. Il est d'ailleurs capable de supporter des extrêmes assez éloignés ; c'est ainsi qu'on le trouve dans l'Etat du Colorado à plus de 2.400 m. au-dessus du niveau de la mer. Il supporte bien l'hiver, surtout sous le manteau de neige. Ce qui l'éprouve davantage, ce sont les grandes gelées d'automne et de printemps, qui le prennent au dépourvu.

Des étés très chauds et secs, comme le fut, paraît-il, celui de 1868 aux Etats-Unis, peuvent amener la mort des nymphes ou celle des adultes à peine formés. Nos observations personnelles nous font penser que de telles conditions agissent aussi sur les œufs et sur les larves, dont beaucoup nous ont semblé périr victimes de l'insolation. C'est à cette cause qu'il faut attribuer en partie la limitation relative du nombre des insectes qui, par le jeu normal de leur fécondité, se multiplieraient dans des proportions effrayantes.

Il faut aussi l'attribuer aux nombreux ennemis naturels qui en font leur proie ou leur hôte.

On cote comme tels en Amérique : des putois, des serpents, des crapauds, quelques araignées et des acariens. Mais la plupart des destructeurs de doryphores sont des oiseaux ou des insectes.

Le nombre des oiseaux qui se nourrissent aux dépens du doryphore de la pomme de terre est très grand. Chittenden, en 1907, en citait une quinzaine pour les Etats-Unis. A la demande de M. H. Kehrig, M. W. L. Mac

Atec, assistant du bureau « of Biological Survey » de Washington a bien voulu compléter cette liste qui ne renferme pas moins de trente-cinq noms.

Parmi tous ces mangeurs de doryphores, six se font remarquer particulièrement par la grande consommation qu'ils en font aux Etats-Unis :

La Perdrix de Virginie (Colinus virginianus) l'Engoulement ou Faucon de nuit (Chordiles vinginianus) le Coulicou (Coccyzus americanus) les Guiracas (Zamelodia ludoviviana et (Z. melano-cephala) enfin l'Etourneau vulgaire (Sturnus vulgaris).

Beaucoup de ces genres d'oiseaux se rencontrent aussi chez nous, soit sous la même forme, soit sous des formes voisines, si bien que déjà les doryphores nouveau venus en France ont dû avoir maille à partir avec nos auxiliaires ailés.

Au moment où un fléau de cette importance vient s'ajouter à tous ceux qui sévissaient jusqu'alors dans nos cultures, la question de la protection des oiseaux insectivores se pose de façon plus pressante et nous ne pouvons que souscrire aux appels lancés en leur faveur par M. Kehrig, qui demeure inlassablement leur défenseur.

Dans cette énumération des oiseaux mangeurs de doryphores, il ne s'agit pas d'espèces sauvages. Les oiseaux domestiques en prennent aussi volontiers leur part : canards, poulets, dindons, pintades. Mais si les canards en sont friands de prime abord, les autres y répugnent au premier contact et n'y prennent goût qu'avec l'habitude.

Avec l'œuvre bienfaisante des oiselets habiles à la chasse des Chrysomèles, nous devons signaler aussi l'œuvre de nombreux insectes carnassiers attachés à la recherche du même gibier. Le mal est trop récent dans notre pays pour que nous ayons acquis des données exactes sur le rôle de nos insectes entomophages ; mais nous avons sous les yeux l'exemple de l'Amérique, où Chittenden cite maintes espèces contribuant à la lutte.

Ces espèces sont : des Carabides, des Staphylinides, des Cicindélides, des Coccinellides, des Punaises qui toutes attaquent les larves de Leptinotarsa. Des Guêpes parmi lesquelles différents Polistes.

Tous ceux là sont des déprédateurs de Doryphores, de larves et d'œufs principalement. Mais voici des parasites véritables avec les Tachinaires, dont on a si souvent parlé au point de vue de la destruction du Doryphore. On les a appelés successivement des Lydella, des Phorocera, puis, de façon plus stricte, des Doryphorophaga. Il y en a deux espèces, dont la première paraît être plus commune : D. doryphorae Riley et D. aberrans Towsend. Ces parasites contribuent beaucoup à réduire les invasions, certaines années, en diverses parties du territoire des Etats-Unis d'Amérique et du Canada.

LA DESTRUCTION DU DORIPHORA

Moyens culturaux. — D'aucuns ont proposé d'interdire la culture des pommes de terre dans la région menacée, pour anéantir le Doryphore par la famine. Outre que cette mesure draconienne serait difficilement applicable sur une aussi vaste étendue, nous n'avons aucune assurance qu'elle puisse être utile. Sans doute en supprimant les champs de pomme de terre, en même temps que les plantations de tomates et d'aubergines, ferait-on disparaître les gros foyers. Mais la disparition ne serait qu'apparente, car l'insecte persisterait sur d'autres plantes, à l'état endémique comme il existait jadis dans le Colorado, tout prêt à reformer des centres actifs lors que les pommes de terre y seraient cultivées de nouveau.

Les observations sur le vol portent à considérer que la suppression de la nourriture favorite aurait au contraire pour effet direct d'activer et d'allonger les déplacements des insectes ailés, ce qui entraînerait une plus grande dispersion du fléau et produirait, par conséquent, un résultat diamétralement opposé à celui que l'on veut obtenir. Cette mesure soit disant radicale serait donc dangereuse.

Nous avons montré qu'il était tout aussi illusoire et paradoxal de réaliser la suppression locale ou momentanée de la culture des pommes de terre au printemps sur les champs qui ont été des foyers l'année précédente. Bien au contraire, s'il reste des Doryphores dans le sol, il convient de leur assurer sur place le feuillage qu'ils affectionnent, afin de les y attirer et de les y retenir jusqu'au ramassage, ainsi que sur des pièges appâts. Les bons effets du système ont été très nettement démontrés en 1923 et les observations de 1924 confirment les résultats antérieurs.

En imposant que les pommes de terres soient plantées au printemps sur les champs reconnus infectés l'année précédente, M. le Préfet de la Gironde a pris une excellente mesure, qui facilitera sûrement la surveillance et même le traitement éventuel, tout en éliminant une cause de diffusion.

Il est aussi fort utile d'empêcher l'arrachage prématuré des champs envahis, d'y assurer tout au moins la conservation de quelques pieds choisis parmi les plus verts, pour jouer le rôle de plantes pièges le plus longtemps possible durant l'automne.

Il convient pour la même raison, que les prospecteurs détruisant en pleine saison végétative un champ doryphoré ne fassent jamais table rase ; que par principe, ils laissent, sur le champ même, ou tout auprès, des pieds verts susceptibles de retenir les doryphores éventuellement oubliés par les ramasseurs, épargnés par le feu ou par le traitement souterrain. S'il leur est impossible de laisser des pieds de ce genre, ils ont la ressource d'en prendre au voisinage et de les transplanter, en attendant la repousse naturelle des pommes de terre demeurées enfouies.

L'hiver venu, tous les insectes sont dans le sol, où ils se maintiennent pendant tout un semestre, exposés à de multiples causes de mort: En captivité, ils périssent alors en grand nombre et tout nous porte à assurer qu'il en est de même en plein champ. On peut, dans une certaine mesure, diminuer leurs chances de salut en les exposant à la surface pendant la saison froide. Aussi les labours d'hiver, profonds et renouvelés, ont-ils pour effet de réduire le nombre de doryphores d'un champ, sinon de les anéantir tous.

Moyens mécaniques. — Le ramassage. — La campagne de 1923 vient de montrer que le ramassage préconisé l'année dernière par la Station entomologique comme un moyen de lutte essentiel était applicable en grande comme en petite surface et très efficace partout. Elle a montré aussi les avantages que peut donner le système des primes pour avoir raison des grands foyers diffus, surtout en présence de l'application irrégulière des autres procédés.

Les résultats que nous avons obtenus ont été vraiment encourageants, et, dans bien des cas, ils ont dépassé nos espérances. Nous avons à l'heure actuelle la preuve que, bien appliqué, méthodiquement, et avec persévérance, çe procédé peut économiquement contribuer pour une large part à la destruction de ce redoutable parasite.

Le ramassage est d'autant plus à recommander qu'il peut être appliqué aussi bien aux pontes qu'aux adultes, alors que, contre ces derniers, les insecticides sont à peu près inefficaces. Il peut être effectué au début de la campagne, et il permet par suite de détruire un grand nombre d'insectes de première génération.

Enfin, et ceci est de toute première importance, les femmes et surtout les enfants excellent à ce genre de travail, laissant libre pour d'autres besognes la main-d'œuvre masculine.

C'est pourquoi nous n'hésitons pas à placer au premier rang le ramassage parmi les procédés mis en œuvre en 1923.

L'insecte est assez gros pour être facilement découvert. Les larves, et même les pontes peuvent être également détruites par ramassages. Pour donner son plein effet, ainsi qu'il ressort des rapports des Directeurs des services agricoles, cette pratique exige une attention soutenue, renouvelée presque chaque jour et répétée pendant plusieurs semaines, la sortie des insectes s'échelonnant parfois sur une période assez longue.

L'innovation de primes assez élevées pour le ramassage, de taux variables suivant l'importance et les difficultés de la recherche dans chaque période de l'évolution de l'insecte, a été très fructueuse. Plusieurs centaines de personnes, hommes, femmes, enfants, ont ainsi apporté au service de lutte une collaboration des plus utiles.

Cette pratique est à maintenir, en l'adaptant aux besoins réels de chaque situation et en faisant payer, après contrôle, les primes dès la remise des insectes.

Moyens physiques : le feu. — Le feu jouait un grand rôle dans les traitements d'extinction pratiqués naguère en Allemagne. Après ramassage de tous les insectes visibles, on coupait les fanes, on les plaçait en tas sur le sol en les arrosant de pétrole et l'on y mettait le feu. Le même procédé est toujours recommandable ; mais quand l'invasion porte sur quelques pieds seulement, il est préférable de ne pas secouer les fanes, d'amasser autour d'elles des broussailles, de la paille sèche, du papier pour faire une calcination sur place.

Ces opérations ne doivent pas être laissées à l'initiative du propriétaire. Ordonnées par les prospecteurs officiels, elles doivent être effectuées sous leur contrôle, sous leurs yeux, je devrais dire sous leur responsabilité.

L'emploi des lance-flammes de l'armée (type P. 3) expérimentés en 1922, dépasse le cadre de la lutte contre le doryphore à cause de la puissance excessive des appareils. Des flambeurs de type moyen pourraient au contraire faciliter la lutte.

La règle indiquée plus haut, consistant à laisser toujours quelques pieds verts sur les champs détruits, s'impose ici naturellement et l'emploi du feu sur les parties offrant des larves moyennes ou grosses a pour complément rationnel le traitement du sol au sulfure de carbone.

Traitement du feuillage. — Les insecticides à effet direct, brûlant ou asphyxiant l'insecte, ne sont pas d'un usage pratique contre le doryphore, qui se laisse choir facilement à l'arrivée d'un jet et dont les individus se trouvent un peu partout sur et sous les feuilles, sur les tiges et leurs rameaux. Le traitement du feuillage doit avoir pour but essentiel d'empoisonner les insectes, c'est-à-dire de recouvrir le feuillage, de façon aussi uniforme et complète que possible avec un insecticide efficace.

En visant ce but, il faut éviter un écueil : beaucoup de bouillies insecticides ont en même temps un effet insectifuge. Lorsque ce dernier est faible, il n'y a pas lieu de s'en émouvoir ; mais quand il est élevé, et surtout quand il prédomine, on se trouve en présence d'un réel danger. Tel est le cas des préparations contenant de la bouillie bordelaise.

Cela ne veut pas dire que la formule qui associe cette bouillie cuprique et l'arséniate de plomb soit mauvaise. Elle est excellente pour les cultivateurs des États-Unis d'Amérique ; elle serait excellente aussi pour les nôtres plus tard, si par malheur le doryphore restait accroché définitivement à notre sol.

Mais à l'heure actuelle cette formule est dangereuse, parce que notre point de vue est tout différent de celui des Américains. Il ne s'agit pas pour nous de récolter malgré le ravageur, il s'agit d'anéantir ce fléau, et de l'anéantir sur place. Tant que nous croirons possible de le vaincre dans ces conditions, il faudra éviter avec grand soin tout ce qui favorise sa dispersion, déjà trop aidée par les conditions normales des migrations naturelles et des transports accidentels. Il faut donc éviter, et même proscrire absolument, les pulvérisations de bouillie bordelaise sur les champs doryphorés, tant que l'extirpation du doryphore de notre sol est envisagée comme encore possible.

Cette question mise à part, c'est aux produits arsenicaux que l'on doit avoir recours pour empoisonner le feuillage des pieds de pommes de terre en vue de faire mourir les larves ou les adultes.

L'arséniate de soude offre certains avantages ; mais son emploi serait contraire à la loi française, qui interdit l'utilisation agricole des arsenicaux solubles.

Ce qu'emploient les Américains et ce que nous avons reconnu nous-même comme bien supérieur, ce sont des mélanges contenant pour une grosse part de l'arséniate diplombique.

Les effets les meilleurs furent obtenus dans les expériences de 1922, par l'emploi de deux types de pâtes. L'un de provenance américaine, contenant un mélange de diplombique et de triplombique, dans la proportion de un tiers de l'un pour deux tiers de l'autre environ, utilisée à la dose de 1 °/₀ de produit sec, fit périr la moitié des adultes et les trois quarts des larves dans les cinq premiers jours ; l'autre de provenance française contenant à peu près exclusivement du diplombique et employée à la même dose de 1 °/₀ de produit sec, dans des conditions semblables, les trois quarts des adultes et la quasi totalité des larves.

En 1923, tant sur les champs d'expériences que dans la pratique constante, l'une et l'autre ont produit un bon rendement en assurant une très forte et rapide mortalité parmi les larves, sans produire d'effet insectifuge marqué vis-à-vis des adultes.

Les pulvérisations d'arséniate de chaux essayées comparativement, furent à peu près aussi efficaces, ce qui permet d'envisager pour l'avenir, en cas de persistance de l'invasion doryphorique, l'utilisation de l'arséniate de chaux, dont l'usage serait sensiblement moins coûteux.

Dans les essais comparatifs, les poudrages se montrèrent inférieurs aux pulvérisations, tout en exerçant des effets insectifuges désavantageux.

Le dépouillement des résultats d'expériences méthodiques montre qu'avec tous les produits, une partie des adultes échappe au poison, même après un mois et demi de captivité en présence d'aliment toxique, ce qui tient à leur grande résistance au jeûne. Il n'en est pas de même pour les larves. qui meurent par les effets combinés de l'intoxication et du jeûne consécutif à ses premiers symptômes.

Traitement du sol. — Le traitement chimique du sol a pour but d'atteindre les doryphores qui s'y cachent : nymphes en cours de sommeil, adultes fraîchement éclos et prêts à sortir, adultes retournant au sol pour passer la mauvaise saison.

Il est, avec le feu, l'un des éléments essentiels du traitement d'extinction proprement dit. Aussi fut-il toujours compris dans les mesures de rigueur mises en œuvre en Allemagne et en Angleterre pour anéantir les foyers d'invasion, tandis qu'il n'avait pas sa raison d'être en Amérique, où l'on ne pouvait songer à l'extinction.

On opérait soit avec de la chaux vive, soit avec du benzol, la première mêlée à la terre par des labours, le second répandu en arrosages. Ces deux procédés ont été essayés de nouveau par la station entomologique en 1921 : la chaux se montra d'une efficacité très insuffisante, même à des doses dont le coût eut été prohibitif ; quant au benzol, même en terre meuble, il en fallait au moins quatre ou cinq litres par mètre carré pour faire une désinfection convenable sur 30 ou 40 centimètres d'épaisseur, et cela revenait à un prix exhorbitant.

En présence du terrain déjà conquis par le fléau et de sa menace de propagation rapide, il fallut rechercher des produits moins coûteux que le benzol et qui fussent au moins aussi efficaces que lui. Parmi les nombreux essais tentés, trois produits gazeux méritèrent de fixer l'attention ; l'acétylène dégagé par le carbure de calcium, la chloropicrine et le sulfure de carbone que l'on peut considérer comme le plus commode et le plus recommandable des trois.

Pour les traitements d'extinction, faits d'urgence, en pleine saison végétative, sur des foyers nouvellement accrochés, où il peut y avoir sous terre des larves, nymphes et adultes, relativement peu éloignés de la surface, il faut employer la dose de 100 grammes par mètre carré, ou 1.000 kilos à l'hectare, répartie à raison de 16 ou de 9 trous par mètre carré, ce qui fait un espacement de 25 ou 33 centimètres.

Par contre sur des foyers anciens, sans dégâts actuels et sans nymphes, où l'on cherche à désinfecter le sol en profondeur pour atteindre uniquement des adultes en train d'hiverner, il sera préférable d'enfoncer le liquide à 20 ou 25 centimètres et l'on pourrait dès lors, sans inconvénient dans les terrains du type précité, écarter les trous à 50 centimètres ou réduire la dose à 750 kg. par hectare, ce qui diminuerait la dépense totale et permettrait de désinfecter dans le même temps une plus grande surface.

Il peut être utile dans bien des cas de faire deux opérations successives : une locale, suivant le premier mode, contre des doryphores en train de se métamorphoser au voisinage de pieds dument envahis ; une plus étendue, suivant le second, contre des doryphores adultes enterrés à la suite d'une invasion précédente.

L'outillage de choix est le pal injecteur.

Pour désinfecter une série de champs suspects, on aurait grand avantage à disposer d'une charrue sulfureuse à deux ou trois couteaux, combinée avec un rouleau tasseur qui la suivrait immédiatement. La maison Vermorel a mis à l'étude un modèle de ce genre qu'essaiera sans doute cet hiver l'Office agricole de la Gironde.

Tels sont les procédés de lutte utilisés au cours de la campagne 1923. Aucun d'eux pris isolément ne se suffit à lui-même et il importe d'appliquer l'un ou l'autre suivant les circonstances et suivant qu'il s'agit d'adultes, de larves ou de nymphes. C'est pourquoi nous allons essayer de dégager des observations faites par M. le Directeur des Services agricoles de la Gironde, en 1923, le meilleur mode d'application de ces divers procédés.

PREMIER CAS. — *Le foyer est récent, restreint et on ne trouve que des adultes.* — Dans ces conditions, nous estimons que l'application immédiate d'un insecticide est non seulement inutile, mais encore inopportune. Les adultes risquent d'être chassés par le produit employé et on active la dissémination. Nous conseillerons donc de traiter avec l'insecticide choisi, l'arséniate diplombique en l'espèce, tous les champs de pommes de terre situés dans un rayon d'environ 500 mètres autour de celui reconnu atteint. Ce dernier, au contraire, ne serait pas traité. Il servira en quelque sorte de champ piège pour tous les adultes qui pourraient être disséminés dans la région.

Par contre, le ramassage y sera assuré au moins une fois par jour, et on s'attachera à rechercher non seulement les insectes adultes parfaitement visibles sur les feuilles ou les tiges après la disparition de la rosée vers neuf ou dix heures, mais encore les pontes que l'on trouvera en cherchant de préférence à la face inférieure des feuilles les plus basses.

Deuxième cas. — *Le foyer est récent, mais on y trouve des larves.* — Dans ces conditions le ramassage des adultes et des pontes doit être complété, à bref délai, par un traitement copieux à l'arséniate diplombique. Il ne faut pas craindre d'employer des quantités importantes de bouillie, et tous les organes verts de la plante, surtout les feuilles les plus basses, doivent être recouverts par la solution arsenicale.

Si les larves sont jeunes, leur destruction totale est à peu près certaine. Mais comme des éclosions nouvelles peuvent se produire en raison de l'échelonnement des pontes, le traitement devra être renouvelé huit à dix jours plus tard et même pratiqué encore une troisième fois au cours de la semaine suivante.

Si au contraire on trouve des larves ayant atteint à peu près leur complet développement, il faut craindre que l'application de l'arséniate ne les fasse se nymphoser par anticipation. Dans ce cas, il sera préférable de détruire, avant le traitement, ces grosses larves, soit par le ramassage, soit par l'incinération des quelques pieds atteints, s'ils sont peu nombreux.

Troisième cas. — *Le foyer est caractérisé par quelques pieds complètement rongés sur lesquels on ne rencontre que très peu de larves ou même pas du tout.* — Cette situation montre que l'on se trouve en face des dégâts causés par des larves qui ont eu le temps de se développer complètement, avant que leur présence ait été signalée. Il est à craindre qu'elles ne soient dans le sol d'où elles sortiront bientôt sous forme d'insectes parfaits.

On commence par incinérer les pieds atteints pour tuer les larves et les œufs qu'ils peuvent encore porter. Puis, comme nous l'avons dit plus haut, il faut procéder à la recherche des nymphes et des adultes dans le sol, au pied et autour des touffes détruites. L'opération est facile et rapide, si l'on dispose d'un crible à avoine.

En même temps, une inspection minutieuse du champ permettra de ramasser et de détruire des adultes qui ont pu déjà sortir de terre et on se trouvera dans la situation indiquée pour le premier cas.

Quatrième cas. — *Le foyer déjà ancien est caractérisé par une invasion généralisée et comporte à la fois des adultes, des œufs, des larves jeunes et âgées.* — La destruction totale et radicale devient difficile, elle demande une attention soutenue et une surveillance constante.

Il faut d'abord s'attacher à supprimer tous les parasites existant sur les parties aériennes.

En même temps que l'on fait effectuer le traitement arsenical dans un rayon d'au moins 500 mètres autour du foyer, on fait procéder sur celui-ci au ramassage des adultes et des larves. Ce travail, s'il est bien exécuté, bien contrôlé, peut au bout de deux ou trois jours, détruire la presque totalité des insectes. Les pieds de pommes de terre les plus couverts de larves sont incinérés sur place au moyen d'un bottillon de paille ou de foin.

Ce n'est que lorsque ce nettoyage préliminaire est bien fait et terminé que l'on procède au traitement arsénical. Ce dernier sera renouvelé sur la parcelle contaminée et dans tout le rayon suspect, au moins trois fois, à dix ou huit jours d'intervalle.

Enfin, si la parcelle examinée est vraiment trop garnie de larves et de pontes, le seul remède pratique est l'incinération totale. Le nettoyage superficiel est ainsi absolu. Mais les nymphes abritées dans le sol donneront successivement naissance à des adultes susceptibles de provoquer des foyers nouveaux plus ou moins écartés. Afin d'éviter ces inconvénients, on fera en sorte au moment de l'incinération, de préserver quelques touffes de pommes de terre sur lesquelles ces adultes viendront se poser dès leur sortie de terre.

Enfin, un traitement massif au sulfure de carbone (1.000 kilos à l'hectare) pratiqué aussitôt après l'incinération contribuera largement à la destruction des parasites que le sol peut encore renfermer.

Si on a soin, en outre de visiter fréquemment les parcelles traitées, on pourra éviter l'extension du fléau, à la condition que toutes les autres pommes de terre dans la région, reçoivent régulièrement les traitements arsenicaux nécessaires.

Des indications pratiques que nous venons d'énoncer, il résulte que la lutte contre le Doryphora peut et doit donner des résultats vraiment efficaces. Mais il faut pour cela que les foyers soient régulièrement signalés et découverts, de manière à éviter si possible leur accrochage, c'est-à-dire la formation des nymphes, et par suite, l'apparition d'une génération nouvelle.

Au printemps, dès la sortie des pommes de terre la surveillance minu‑ tieuse de cette culture dans toute la région suspecte est indispensable. Pour cela le concours des cultivateurs intéressés est nécessaire, car les contrôleurs officiels, malgré leur bonne volonté et leur activité, peuvent difficilement visiter aussi complètement qu'il le faudrait toutes les cultures de leur rayon.

Danger des repousses. — En outre, au début de 1923, une complication sérieuse est venue rendre la tâche plus difficile. Suivant les habitudes culturales de la région particulièrement atteinte, on sème, immédiatement après la récolte de pommes de terre, du trèfle incarnat, des vesces, ou une céréale d'hiver. C'est là précisément que se sont montrés les premiers adultes au printemps. Ils vivaient sur les repousses de pommes de terre, abritées par la culture nouvelle. Leur destruction rapide et complète y est à peu près impossible, car le ramassage est impraticable, de même que les traitements insecticides.

Cette situation ne devra pas se renouveler en 1924, et c'est la raison pour laquelle les arrêts préfectoraux doivent porter la disposition suivante :

« Dans les parcelles contaminées, suivant une liste dressée en fin d'été, par décision préfectorale, les cultivateurs seront tenus, dans l'année suivante, de planter à nouveau des pommes de terre dans les mêmes champs, au début du printemps, pour faciliter la destruction et la localisation de l'insecte ».

CONCLUSIONS

La lutte contre le Doryphora en 1923, sous la direction générale de M. l'Inspecteur Général de l'Agriculture Rabate a donné des résultats positifs incontestables. Le nombre des insectes était considérablement moindre à l'automne 1923 qu'à la même époque en 1922.

Le nombre des communes contaminées en Gironde de 41 à 1922 est descendu à 20 en 1923. Grâce aux traitements appliqués, les dégats causés par le Doryphora ont été pratiquement nuls et les dépenses engagées dans la lutte généralisée et attentive ont été largement compensées par la valeur des récoltes protégées.

Ces faits encourageants, mis en lumière en 1924, à l'heure actuelle par une sortie très peu importante d'insectes hivernants sur les anciens foyers, permettent d'envisager, la localisation du fléau, son atténuation et peut-être sa disparition, si rien n'est négligé, dans la mise en application des mesures dictées par les circonstances et dont les résultats actuellement obtenus autorisent toutes les espérances.

M. le Président. — Je mets aux voix le vœu ci-après :

« Le Congrès, après avoir pris connaissance des documents apportés sur la question doriphorique par MM. Feytaud et Bacon, prend actes des efforts faits, notamment dans certains départements du Sud-Ouest pour enrayer le fléau, et demande aux Pouvoirs Publics de développer ces moyens de lutte en vue de sa destruction totale et rapide.

Adopté.

LOIS ET DÉCRETS

relatifs aux mesures à prendre pour arrêter le développement du Doryphora.

LOI des 15 juillet 1878-2 août 1879 relative aux mesures à prendre pour arrêter les progrès du phylloxéra et du doryphore.

TITRE II. — _Du doryphore._

ART. 6. — Un décret du Président de la République peut interdire l'importation en France des pommes de terre, feuilles et débris de cette plante, sacs et autres objets d'emballage servant ou ayant servi à les transporter et provenant des pays où l'existence de l'insecte dit _doryphora decemlineata_ ou _colorado_ aura été signalée.

ART. 7. — Il est interdit de détenir et de transporter le doryphore, ses œufs, larves et nymphes.

ART. 8. — Des arrêtés spéciaux du Ministre de l'Agriculture et du Commerce déterminent les conditions sous lesquelles peuvent circuler en France les pommes de terre, feuilles et débris de cette plante, les sacs et autres objets d'emballage servant ou ayant servi à les transporter et venant de pays étrangers.

ART. 9. — Tout propriétaire, fermier, métayer ou colon, qui aura constaté la présence du doryphore dans un champ lui appartenant ou cultivé par lui, est tenu d'en faire immédiatement la déclaration au maire de la commune dans laquelle le champ est situé. Celui-ci, après vérification des faits, doit en informer sans retard le sous-préfet de l'arrondissement ; cet avis est transmis sans retard au préfet et au Ministre de l'Agriculture et du Commerce.

ART. 10. — Le Ministre de l'Agriculture et du Commerce est autorisé à prendre toutes les mesures nécessaires pour combattre la propagation du doryphore.

Il peut ordonner au besoin la destruction par le feu ou par tout autre procédé des pommes de terre existant sur le terrain envahi ou sur les terrains environnants.

Les opérations ordonnées se font après une constatation contradictoire de l'état des lieux, en présence d'un délégué du préfet, du maire de la commune, des propriétaires des terrains ou de leurs représentants dûment appelés ; il est dressé procès-verbal de l'opération et les témoins y appliquent leur signature.

Titre III. — *Dispositions générales.*

Art. 11. — Il sera alloué une indemnité pour la perte des récoltes détruites par mesure de précaution.

Aucune indemnité n'est due pour la destruction des récoltes sur lesquelles l'existence du doryphora aura été constatée.

Les juges de paix connaîtront sans appel jusqu'à la valeur de 100 francs, et à charge d'appel, à quelque valeur que la demande puisse s'élever, des contestations relatives aux indemnités réclamées en vertu du présent article.

Art. 12 (Ainsi remplacé : *Loi du 2 août 1879*). — Les contraventions aux dispositions de la présente loi et à celles des décrets ou arrêtés pris pour son exécution seront punies d'une amende de 50 à 500 francs.

Art. 13. — Ceux qui auront introduit l'un des objets énoncés aux articles 6 et 7 sans déclaration, ou à l'aide d'une fausse déclaration de provenance ou de vente ou de toute autre manœuvre frauduleuse , seront punis d'un emprisonnement d'un mois à quinze mois et d'une amende de 50 à 500 francs.

Art. 14. — Les peines prévues aux deux articles précédents seront doublées en cas de récidive.

Il y a récidive lorsque, dans les douze mois précédents, il a été rendu contre le contrevenant ou le délinquant un premier jugement en vertu de la présente loi.

Art. 15. — L'article 463 du Code pénal est applicable aux condamnations prononcées en vertu de la présente loi.

Art. 16. — Un règlement d'administration publique déterminera les mesures nécessaires pour l'exécution de la loi, notamment de l'article 11.

DÉCRET du 26 décembre 1878 portant règlement d'administration publique pour l'exécution de la loi du 5 juillet 1878 sur le phylloxéra et le doryphore.

Titre II. — *Du doryphore.*

Art. 9. — Lorsque la présence du doryphore est signalée, le préfet envoie immédiatement le professeur d'agriculture, ou toute personne compétente, pour opérer les vérifications nécessaires.

Si le fait est reconnu vrai, le préfet prend sans aucun délai un arrêté pour interdire l'entrée du champ envahi et des champs environnants, et adresse d'urgence son rapport au Ministre.

Art. 10. — Dès que l'ordre de détruire les pommes de terre attaquées par le doryphore a été reçu à la préfecture, le préfet ou, à son défaut, le sous-préfet ou un conseiller de préfecture, assisté du professeur d'agriculture ou d'une personne compétente, se rend sur les lieux, réunit séance tenante les propriétaires ou leurs représentants, et accompagné du maire de la commune, se transporte sur le terrain envahi.

Art. 11. — Il est alors procédé à la constatation contradictoire de l'état des lieux ; le procès-verbal de cette opération distingue les récoltes attaquées de celles qui doivent être détruites par mesure de précaution ; il détermine la quantité et la valeur de ces dernières. Le procès-verbal est signé par le préfet ou son représentant, le maire et les intéressés. En cas de refus de signature de la part des intéressés, mention est faite de ce refus, et il est passé outre.

Le préfet ou son représentant, sur l'avis du professeur d'agriculture ou de la personne compétente qui l'accompagne, désigne les terrains sur lesquels un traitement doit être appliqué et y fait procéder sans retard.

ART. 12. — L'accès des terrains soumis au traitement est formellement interdit pendant ce traitement et dans les huit jours qui le suivent.

ART. 13. — Les indemnités dues pour la destruction des récoltes, lorsqu'elle a été prescrite par mesure de précaution, sont réglées en prenant pour base l'état contradictoire des lieux dont il est question à l'article 11 et la valeur des récoltes au moment de l'opération.

Le préfet soumet les propositions d'indemnité au Ministre de l'Agriculture et du Commerce qui en fixe le montant.

Le préfet fait faire, par les maires, des offres aux intéressés. En cas d'acceptation, les fonds sont immédiatement ordonnancés en leur nom.

LOI du 13 juillet 1922 portant ouverture de crédits au titre du budget général et modifiant la loi du 15 juillet 1878.

ARTICLE PREMIER. — Les dispositions de la loi du 15 juillet 1878 relatives aux mesures à prendre pour arrêter les progrès du doryphore sont applicables aux plantes cultivées autres que la pomme de terre, lorsque ces plantes auront été, par arrêté du Ministre de l'Agriculture, rendu après avis du Comité des épiphyties, déclarées susceptibles d'être attaquées par le doryphore.

ART. 2. — Il est ouvert au Ministre de l'Agriculture, en addition aux crédits alloués par la loi du 31 décembre 1921 et par des lois spéciales, au titre du budget général de l'exercice 1922, un crédit de cinq cent mille francs (500.000 francs) pour dépenses de toute nature en vue de l'application de la loi du 15 juillet 1878 et de la présente loi.

Ce crédit sera inscrit à un chapitre 34 *bis* nouveau du budget de son département ainsi libellé : « Préservation des récoltes contre le doryphore. — Indemnités et dépenses diverses. »

Il sera pourvu au crédit ci-dessus au moyen des ressources du budget général de l'exercice 1922.

ART. 3. — Lorsqu'un exploitant aura fait régulièrement la déclaration prévue par l'article 9 de la loi du 15 juillet 1878, une indemnité en rapport avec la portion de récolte atteinte qui aurait pu être conservée pourra lui être allouée.

ART. 4. — La loi du 15 juillet 1878 est modifiée en ce qu'elle a de contraire à la présente loi.

DÉCRET du 13 juillet 1922 interdisant l'entrée en France et le transit des pommes de terre, feuilles et débris de cette plante, provenant des Etats-Unis et du Canada.

ARTICLE PREMIER. — Sont interdits l'entrée et le transit en France des pommes de terre, feuilles et débris de cette plante provenant directement ou indirectement des Etats-Unis et du Canada, pays où l'existence du *doryphora decemlineata* ou *colorado* a été constatée.

Cette interdiction s'étend aux caisses, tonneaux, sacs et autres objets d'emballage servant ou ayant servi à transporter les produits ci-dessus mentionnés.

Art. 2. — L'interdiction portée par l'article premier ci-dessus sera appli" cable aux envois de fruits frais et de végétaux autres que les pommes de terre, feuilles et débris de cette plante, ainsi qu'au matériel ayant servi à leur transport et à leur emballage, lorsque la présence du *doryphora decemlineata* aura été constatée sur les dits envois.

Pour permettre l'exécution de cette mesure, les dits envois seront examinés, à ce point de vue spécial, à leur entrée en France.

ARRÊTÉ de M. le Ministre de l'Agriculture en date du 13 juillet 1922 relatif aux mesures à prendre contre le doryphore.

Article premier. — Dès que l'apparition du doryphore aura été constatée dans un département, le préfet instituera immédiatement, sous sa présidence, un Comité de défense composé du directeur des Services agricoles, du directeur de la Station entomologique dont relève le département, de l'inspecteur du Service phytopathologique, du président de l'Office départemental agricole, et de quatre notabilités agricoles. Ce Comité aura pour mission de donner son avis sur toutes les mesures à prendre dans le département pour arrêter la propagation du doryphore et en assurer la destruction.

Art. 2. — Un arrêté du Ministre de l'Agriculture délimitera les régions infectées ou contaminées par le doryphore. Sur toute l'étendue des départements où sont situées les régions ainsi délimitées, et des départements limitrophes, les exploitants sont tenus de brûler sur place, immédiatement après la récolte, les fanes et les pommes de terre gâtées ou de rebut laissées sur le sol.

Art. 3. — Un arrêté du Ministre de l'Agriculture délimitera les zones de protection à établir autour des dites régions infectées ou contaminées et les mesures à prendre pour y combattre la propagation du doryphore.

Art. 4. — Les traitements de défense à l'arséniate de plomb devront être prescrits sur les cultures infectées ou contaminées par le doryphore, aussi souvent que cela sera nécessaire, au fur et à mesure de la croissance des plantes. Lorsque ces traitements seront reconnus insuffisants, le préfet, sur la proposition du Comité de défense, demandera au Ministre de l'Agriculture l'autorisation de prescrire la destruction des cultures de pommes de terre, de tomates et d'aubergines, dans les conditions fixées par les lois des 15 juillet 1878 et 13 juillet 1922. Des cultures de plantes-pièges pourront être prescrites lorsque ce procédé sera reconnu susceptible d'éviter la dispersion des insectes et de nouveaux foyers de contamination.

Art. 5. — Dans les départements où sont situées les régions envahies ou contaminées par le doryphore, le Ministre de l'Agriculture pourra mettre à la disposition du directeur des Services agricoles, à titre temporaire, des professeurs d'agriculture prélevés dans les services des autres départements, et en nombre suffisant pour le suppléer dans sa tâche, diriger sur place, conformément à ses instructions, les travaux de défense ou de destruction, rechercher l'apparition de l'insecte dans les zones où l'on peut craindre de le rencontrer, et participer au service de surveillance chargé de déterminer pendant l'hiver les foyers où les travaux de défense devront s'effectuer dès le début du printemps.

Art. 6. — Les pommes de terre, tomates et aubergines, les feuilles et débris de ces plantes récoltées dans les régions déclarées, par arrêté du Ministre de l'Agriculture, infectées ou contaminées par le doryphore, ou encore dans les zones de protection prévues par l'article 3 du présent arrêté, ne peuvent être expédiés et transportés, de quelque manière que ce soit, à destination de régions indemnes.

Les objets énumérés ci-dessus et récoltés dans les régions autres que celles visées au paragraphe précédent ne peuvent plus, s'ils ont été introduits dans les dites régions, être réexpédiés ou retransportés, de quelque manière que ce soit, à destination des régions indemnes.

Les mêmes interdictions s'appliquent également aux caisses, tonneaux, sacs et autres objets d'emballage ayant servi à transporter les produits ci-dessus visés, ainsi qu'aux fumiers, composts, terres ou terreaux.

Le matériel d'emballage ayant servi, dans les régions visées au paragraphe premier du présent article, à transporter les pommes de terre, tomates et aubergines, du lieu de la récolte au domaine de l'exploitant ou au marché, sera nettoyé et désinfecté par lavage ou trempage à l'eau bouillante.

ARRÊTÉ de M. le Ministre de l'Agriculture en date du 13 juillet 1922 étendant les dispositions de la loi de 1878 à des cultures autres que la pomme de terre.

ARTICLE PREMIER. — Les cultures de tomates et d'aubergines sont déclarées susceptibles d'être attaquées par le doryphore.

ARRÊTÉ de M. le Ministre de l'Agriculture modifiant l'article 6 de l'arrêté du 13 juillet 1922.

ARTICLE PREMIER. — L'article 6 de l'arrêté du 13 juillet 1922 est complété ainsi qu'il suit :

« Toutefois, pendant la période s'étendant depuis la date du présent arrêté jusqu'au 31 mars 1923 inclusivement, les pommes de terre non originaires de la zone contaminée ou de zone de protection et importées dans l'une de ces zones, pourront être réexpédiées par chemin de fer soit vers l'étranger, soit vers le reste du territoire sous réserve :

« 1º D'être accompagnées d'une déclaration d'origine et de la lettre de voiture correspondant au wagon reçu ;

« 2º De n'être pas entreposées dans des locaux servant ou ayant servi à l'emmagasinage de pommes de terre contaminées ou suspectées ;

« 3º D'être réexpédiées dans des sacs ou emballages neufs. »

ART. 2. — Le Directeur de l'Agriculture est chargé de l'exécution du présent arrêté.

DÉCRET portant règlement d'administration publique pour l'application de la loi du 13 juillet 1878, modifiée par la loi du 13 juillet 1922, concernant les mesures à prendre pour arrêter les progrès du doryphore.

ARTICLE PREMIER. — Les dispositions du titre II du décret du 26 décembre 1878 sont remplacées par les suivantes :

ART. 9. — Lorsque la présence du doryphore est signalée, le préfet envoie immédiatement le Directeur des Services agricoles ou un professeur d'agriculture ou toute autre personne compétente pour opérer les vérifications nécessaires. Si le fait est reconnu vrai, le préfet prend sans aucun délai un arrêté pour interdire l'entrée des champs envahis et des champs environnants et adresse d'urgence son rapport au Ministère.

Il institue immédiatement, sous sa présidence, un Comité de défense, composé du Directeur des Services agricoles, du Directeur de la Station entomologique dont relève le département de l'Inspecteur du Service phytopathologique de la région, du Président de l'Office agricole départemental, et de quatre notabilités agricoles. Ce Comité a pour mission de donner son avis sur toutes les mesures à prendre dans le département pour arrêter la propagation du doryphore et en assurer la destruction.

Art. 10. — Un arrêté du Ministre de l'Agriculture délimite :

1° Les régions infectées ou contaminées par le doryphore ;

2° Les zones de protection à établir autour des régions infectées ou contaminées.

Sur toute l'étendue, tant des départements où sont situées les régions infectées ou contaminées que des départements limitrophes, les exploitants sont tenus de brûler, sur place, immédiatement après la récolte, les fanes et les pommes de terre gâtées ou de rebut.

Dans les zones de protection, l'arrêté de délimitation détermine les mesures à prendre pour combattre la propagation du doryphore.

Art. 11. — Les traitements à appliquer aux cultures infectées ou contaminées par le doryphore sont prescrits par arrêté préfectoral, conformément aux instructions données par le Ministre de l'Agriculture, après avis du Comité des épiphyties. Il est procédé à ces traitements aussi souvent que cela est nécessaire, au fur et à mesure de la croissance des plantes.

Art. 12. — Lorsque les traitements sont reconnus insuffisants, ou en cas d'urgence, et s'il s'agit de parcelles isolées, le Ministre de l'Agriculture peut autoriser le Préfet à ordonner la destruction des cultures atteintes ou menacées d'être attaquées par le doryphore.

Dès que l'ordre de détruire les plantes atteintes par le doryphore ou menacées de l'être, est donné, le préfet envoie, sur place, le Directeur des Services agricoles ou une personne compétente, qui réunit immédiatement les propriétaires ou leurs représentants et, accompagné du maire de la commune, se transporte sur les terrains envahis.

Art. 13. — Il est alors procédé à la constatation contradictoire de l'état des lieux.

Le procès-verbal détermine, pour chaque parcelle :

1° S'il s'agit d'une culture non atteinte, à détruire par mesure de précaution : la quantité et la valeur de la récolte pour laquelle, par application de l'article 11 de la loi du 13 juillet 1878, une indemnité est due ;

2° S'il s'agit d'une culture déjà atteinte : la quantité et la valeur de la portion de récolte qui aurait pu être conservée et pour laquelle, conformément à l'article 3 de la loi du 13 juillet 1922, une indemnité est due.

Ce procès-verbal est signé par le Directeur des Services agricoles ou la personne compétente déléguée par le préfet, le maire et les intéressés.

En cas de refus de signature de ces derniers, mention est faite de ce refus et il est passé outre.

Art. 14. — Les indemnités dues pour la destruction des récoltes sont réglées en prenant pour base l'état contradictoire prescrit à l'article précédent. Le Préfet soumet les propositions d'indemnités au Ministre de l'Agriculture, qui arrête l'état des sommes à allouer. Les maires sont alors chargés de faire des offres aux intéressés et, en cas d'acceptation de ces derniers, les fonds sont immédiatement ordonnancés à leurs noms.

ART. 15. — Il est défendu d'expédier ou de transporter, à destination des régions indemnes :

1° Les plantes susceptibles d'être attaquées par le doryphore, lorsque ces plantes ont été récoltées ou importées dans les régions délimitées par l'arrêté ministériel prévu à l'article 10 du présent décret ;

2° Les feuilles et débris de ces plantes ;

3° Les caisses, tonneaux, sacs et autres objets d'emballage ayant servi à transporter soit les plantes, feuilles ou débris ci-dessus mentionnés, soit les fumiers, composts, terres ou terreaux.

Des arrêtés ministériels, rendus sur avis du Comité des épiphyties pourront pendant la période d'hivernage du doryphore accorder des dérogations à l'interdiction ci-dessus prescrite.

ART. 16. — Le matériel d'emballage ayant servi, dans les régions délimitées par l'arrêté ministériel prévu à l'article 10 du présent décret, à transporter les plantes susceptibles d'être attaquées par le doryphore, du lieu de la récolte au domaine de l'exploitant ou au marché, sera nettoyé et désinfecté.

ART. 17. — Les contraventions aux dispositions des titres I et II du présent règlement seront punies conformément aux articles 12, 13, 14 et 15 de la loi du 15 juillet 1878.

ART. 20. — Le Ministre de l'Agriculture est chargé de l'application du présent décret, qui sera publié au *Journal officiel* de la République française et inséré au *Bulletin des lois*.

ARRÊTÉ réglementant les mesures à prendre contre le doryphore de la pomme de terre.

Le Préfet de la Gironde, officier de la Légion d'honneur.
Vu les lois des 15 juillet 1878 et 13 juillet 1922 ;
Vu les décrets des 13 juillet 1922 et 13 février 1923 ;
Vu l'avis du Comité départemental de défense contre le doryphore ;
Vu l'avis de M. Rabaté, inspecteur général de l'Agriculture, et de M. Lafforgue, directeur départemental des Services agricoles.

ARRÊTE

TITRE PREMIER

DÉLIMITATION DES ZONES

ARTICLE PREMIER. — *Zones contaminées.*

Arrondissement de Lesparre. — En entier.
Arrondissement de Bordeaux. — Cantons de Castelnau, Blanquefort, Audenge, La Teste, Arcachon, Pessac, Bordeaux, Belin, Carbon-Blan, La Brède, Saint-André-de-Cubzac.
Arrondissement de Bazas. — Cantons de Saint-Symphorien, Villandraut, Bazas, Langon.
Arrondissement de Libourne. — Cantons de Branne, Libourne, Guîtres, Fronzac, Coutras.
Arrondissement de Blaye. — En entier.

Article 2. — *Zone de protection.*

Le reste du département.

TITRE II

OBLIGATIONS IMPOSÉES

Article 3. — *Interdiction de détenir le doryphore.*

Conformément à l'article 7 de la loi de 1878, il est interdit de détenir et transporter le doryphore, ses œufs, larves ou nymphes, sous peine des sanctions indiquées à l'article 17 du présent arrêté.

Article 4. — *Déclaration des cultures.*

Dans la zone contaminée et dans la zone de protection, les exploitants sont tenus de faire à la mairie de leur commune respective, dans le délai de huit jours de la publication du présent arrêté, la déclaration des superficies cultivées par eux en pommes de terre, aubergines, tomates. Cette déclaration mentionnera la situation du lieu de ces cultures.

Pour les années à venir, cette même déclaration sera obligatoire dans les quinze jours qui suivront la plantation.

Article 5. — *Déclaration de la présence du doryphore.*

En dehors de la déclaration ci-dessus, tout propriétaire, fermier, métayer ou colon est tenu de déclarer à la mairie la présence du doryphore dès qu'il l'a constatée dans l'une de ces cultures.

Article 6. — *Interdiction d'accès des champs envahis.*

L'accès des champs réputés contaminés est interdit, à l'exception de l'exploitant, des agents chargés du contrôle et du personnel chargé du ramassage et du traitement.

Article 7. — *Obligation de replanter en pommes de terre les parcelles contaminées.*

Dans les communes contaminées, suivant une liste dressée en fin d'été par décision préfectorale, les cultivateurs seront tenus, dans l'année suivante, de planter à nouveau des pommes de terre dans les mêmes champs, au début du printemps, pour faciliter la destruction et la localisation de l'insecte.

Article 8. — *Interdiction du mélange des cultures.*

En raison des traitements insecticides à appliquer, il est interdit, dans la zone contaminée et dans la zone de protection, de cultiver la pomme de terre en mélange avec d'autres plantes pouvant servir à l'alimentation de l'homme ou des animaux.

Article 9. — *Obligation de visiter les cultures.*

Dans la zone contaminée et dans la zone de protection et dès la sortie des tiges, les exploitants sont tenus de visiter ou de faire visiter avec soin, une fois par semaine au moins, leurs cultures de pommes de terre, tomates et aubergines.

ARTICLE 10. — *Interdiction de transport des pommes de terre,
tomates et aubergines.*

Les pommes de terre, tomates et aubergines, les feuilles et débris de ces
plantes récoltées dans les régions déclarées, par arrêté du Ministre de l'Agri‑
culture, infectées ou contaminées par le doryphore, ou encore dans la zone
de protection prévue par l'article 2 du présent arrêté, ne peuvent être expé‑
diés et transportés, de quelque manière que ce soit, à destination des régions
indemnes.

Les objets énumérés ci-dessus et récoltés dans les régions autres que
celles visées au paragraphe précédent ne peuvent plus, s'ils ont été introduits
dans les dites régions, être réexpédiés ou retransportés, de quelque manière
que ce soit, à destination des régions indemnes.

Les mêmes interdictions s'appliquent également aux caisses, tonneaux,
sacs et autres objets d'emballage ayant servi à transporter les produits ci-
dessus visés, ainsi qu'aux fumiers, composts, terres ou terreaux.

Le matériel d'emballage ayant servi dans les régions visées au paragraphe
premier du présent article à transporter les pommes de terre, tomates et
aubergines, du lieu de la récolte au domaine de l'exploitant ou au marché,
sera nettoyé et désinfecté par lavage et trempage à l'eau bouillante.

TITRE III

LUTTE CONTRE LE DORYPHORE

ARTICLE 11. — *Détermination de l'insecte.*

Les cultivateurs sont invités à porter, à la mairie de la commune, les
échantillons des insectes suspects qui attaquent les feuilles des pommes de
terre, tomates et aubergines. La détermination des parasites sera facilitée
par l'envoi de planches en couleurs, leçons dans les écoles primaires, et tous
moyens de propagande jugés utiles.

ARTICLE 12. — *Recherche du doryphore.*

Une récompense ou prime à la découverte sera accordée après vérification par le Directeur des Services agricoles à l'enfant qui, le premier, aura
fait découvrir un foyer de doryphore dans une commune jusqu'alors indemne.

ARTICLE 13. — *Ramassage du doryphore.*

Il pourra être alloué une prime au ramassage du doryphore insecte adulte,
feuilles avec pontes non écloses, larves.

Les insectes doivent être recueillis dans un récipient contenant de l'eau
et du pétrole et transportés à la mairie.

Sur état justificatif visé par le contrôleur, le paiement des primes sera
effectué par l'intermédiaire de l'Office agricole départemental.

ARTICLE 14. — *Mise en demeure pour l'exécution des traitements.*

Les ramassages et les traitements à l'arséniate de plomb seront effectués
par les soins des exploitants intéressés à cet effet ; dès qu'un foyer sera
constaté, le maire de la commune adressera une mise en demeure individuelle aux exploitants des cultures de pommes de terre situées dans un
rayon d'au moins 500 mètres autour du champ envahi.

Tout contrevenant qui, dans les quarante-huit heures après la mise en
demeure, n'aura pas exécuté les prescriptions reçues, sera passible d'un pro-

cès-verbal qui motivera l'application des sanctions prévues au titre IV du présent arrêté.

ARTICLE 15. — *Traitement à l'arséniate de plomb.*

Lorsqu'il aura été constaté que les plantes portent des pontes et des larves, une ou, si besoin est, plusieurs pulvérisations avec de l'arséniate de plomb en vue de l'empoisonnement des insectes devront être appliquées par les soins des exploitants.

En cas de négligence, une mise en demeure pourra leur être adressée par le maire.

ARTICLE 16. — *Destruction de la récolte.*

Lorsque le champ présente des grosses larves adultes qui ont pu tomber sur le sol pour y subir la nymphose, la destruction de la récolte pourra être poursuivie par le feu ou par tout autre moyen approprié, sur l'indication du Service de lutte.

Conformément à la loi, des indemnités pourront être accordées aux exploitants.

ARTICLE 17. — *Désinfection du sol.*

La destruction prévue à l'article précédent pourra être complétée par la désinfection du sol, suivant les procédés reconnus efficaces et pratiques par le Service de lutte.

TITRE IV

SANCTIONS.

ARTICLE 18. — *Sanctions.*

Les contraventions aux dispositions ci-dessus seront punies conformément aux articles 12, 13, 14 et 15 de la loi du 15 juillet 1878 (emprisonnement d'un mois à quinze mois et d'une amende de 50 à 500 francs) ces peines étant doublées en cas de récidive.

ARTICLE 19. — *Agents d'exécution.*

MM. les Sous-Préfets, Maires, Commandants de gendarmerie, Commissaires de police, ainsi que tous les agents de la force publique sont chargés de l'exécution du présent arrêté.

Bordeaux, le 3 août 1923.

Pour le Préfet :
Le Secrétaire général,
Robert BILLECARD.

LUTTE CONTRE LE DORYPHORE

Mise en demeure.

Le Maire de la commune de
Vu la loi du 15 juillet 1878 ;
Vu la loi du 17 mars 1922 ;
Vu le décret du 13 février 1923 ;
Vu l'arrêté préfectoral du
Vu le procès-verbal constatant la présence du doryphore dans la commune de   au lieu dit   , dans les pièces des sieurs.

Vu les instructions données par le Directeur des Services agricoles de la Gironde ordonnant le ramassage des insectes adultes, des pontes et des larves dans les champs contaminés et le traitement à l'arséniate de plomb sur les parcelles plantées en pommes de terre dans un rayon de *500 mètres* au moins autour des pièces contaminées des susnommés.

Met en demeure

1° Tous les propriétaires ou exploitants de la commune d'assurer la visite de leurs plantations de pommes de terre au moins une fois par semaine, et de procéder, s'il y a lieu, au ramassage régulier et journalier des adultes, pontes et larves, après avoir déclaré à la mairie l'existence du doryphore dans leur culture ;

2° M.   de procéder au traitement arsenical de ses cultures de pommes de terre dans les quarante-huit heures de la présente notification. Il trouvera gratuitement l'arséniate de plomb à la mairie de   et les instructions nécessaires lui seront données.

Faute par lui de procéder au dit traitement, procès-verbal lui sera dressé, et toutes sanctions utiles seront appliquées.

·le   192 .

Le Maire,

NOTA. — Les infractions aux lois, décrets et arrêtés ci-dessus visés peuvent faire l'objet des sanctions suivantes :

1° Destruction de la récolte avec ou sans indemnité suivant les circonstances ;

2° Amende de 50 à 500 francs ;

3° Emprisonnement d'un mois à 15 mois.

Les peines prévues aux paragraphes 2 et 3 seront doublées en cas de récidive.

MINISTÈRE DE L'AGRICULTURE

Le Ministre de l'Agriculture.

Vu les lois du 13 juillet 1878 et 13 juillet 1922 relatives aux mesures à prendre pour arrêter les progrès du doryphore ;

Vu la loi de 21 juin 1898 sur le Code rural et notamment l'article 82 relatif à la réglementation de la circulation des produits végétaux et objets soupçonnés dangereux pour la propagation des épiphyties ;

Vu l'arrêté du 13 juillet 1922 et notamment l'article 6 réglementant la circulation des produits végétaux et objets susceptibles de faciliter l'extension de l'invasion doryphorique ;

Vu le décret du 13 février 1923 portant règlement d'administration publique pour l'application de la loi du 13 juillet 1878, modifiée par la loi du 13 juillet 1922 ;

Vu l'avis du Comité consultatif des épiphyties ;

Sur le rapport du Directeur de l'agriculture.

Arrête :

ARTICLE PREMIER. — L'article 6 de l'arrêté du 13 juillet 1922 est complété ainsi qu'il suit:

« Toutefois, pendant la période d'hivernage, c'est-à-dire du 1er décembre au 31 mars de chaque année, les pommes de terre non originaires de la zone contaminée ou de la zone de protection et importées dans l'une de ces zones pourront être réexpédiées par chemin de fer soit vers l'étranger, soit vers le reste du territoire, sous réserve :

» 1° D'être accompagnées d'une déclaration d'origine et de la lettre de voiture correspondant au wagon reçu ;

» 2° De n'être pas entreposées dans des locaux servant ou ayant servi à l'emmagasinage des pommes de terre contaminées ou suspectées ;

» 3° D'être réexpédiées dans des sacs ou emballages neufs. »

Art. 2. — Le Directeur de l'agriculture est chargé de l'exécution du présent arrêté.

Fait à Paris, le 15 janvier 1924.

Henry Chéron,

CULTURE HORS SAISON DE LA POMME DE TERRE

Par MM. SCHRIBAUX et BUSSARD,
Directeurs de la Station d'Essais de Semences.

Envisagée dans son ensemble, la question de la culture de la pomme de terre hors saison comporterait l'étude aussi bien du forçage que de la production en pleine terre des tubercules de primeur. Notre sujet se limite à l'examen des procédés applicables à la *culture retardée.*

Nous entendons par pommes de terre *retardées* celles qui proviennent de plants confiés au sol bien après l'époque normale de déplantation, disons approximativement de la fin de juin au milieu d'août. La culture retardée se poursuit en vue de la production soit de *semenceaux*, soit de *pommes de terre nouvelles* à consommer au cours de l'hiver.

Dans une notice récente, la Compagnie des Chemins de fer de Paris à Orléans s'exprime ainsi ·

« Nos marchés de consommation, notamment le marché parisien, reçoivent, d'octobre à juillet, d'assez grosses quantités de pommes de terre nouvelles dites de « primeur » considérées, pendant l'hiver et le printemps, comme produits de luxe, en raison des cours élevés qu'elles obtiennent. Le gros appoint leur est fourni par l'Algérie, l'Espagne et l'Italie.

La pomme de terre prime française, en ce qui concerne le Midi et particulièrement la région du Var dont la production est peu importante, n'arrive sur nos marchés qu'au début d'avril.

Les pommes de terre nouvelles trouveraient de ce fait, de novembre à janvier, notamment sur le marché parisien, d'excellents débouchés, que nos agriculteurs pourraient facilement s'approprier, en tentant, lorsque les conditions sont favorables, la culture retardée des précieux tubercules.

Il semble que la vente soit possible et lucrative dès fin octobre, mais c'est vers la deuxième quinzaine de décembre que les prix pratiqués sont les plus favorables, en raison de l'approche des fêtes ».

Voilà qui situe parfaitement, au point de vue commercial, l'époque fin octobre à fin janvier à laquelle les récoltes de pommes de terre retardées doivent être réalisées pour trouver un écoulement facile à des prix rémunérateurs. Avant la fin d'octobre, elles se confondraient avec les récoltes « de saison » des variétés tardives ; après janvier, elles se heurteraient à la concurrence des gros arrivages d'Algérie, d'Espagne et des régions méditerranéennes, que suivent ceux de Bretagne et du Cotentin ; en outre, en se prolongeant, leur conservation en terre deviendrait plus difficile et ne permettrait pas de laisser le sol libre de bonne heure pour la préparation en vue d'autres cultures.

Mais ce n'est pas seulement pour la vente des tubercules sur les marchés urbains que la culture retardée présente de l'intérêt. Dans les campagnes, où les produits du dehors n'arrivent guère, on est privé de pommes de terre nouvelles depuis le milieu de l'automne jusqu'en avril-mai, dans les régions privilégiées où la culture de primeur est pratiquement possible, jusqu'en juin-juillet dans les autres.

Cependant, malgré l'abondance à cette époque des tubercules de garde, les pommes de terre nouvelles, appréciées là aussi pour leur finesse, leur fondant et leur belle apparence, seraient les bienvenues sur la table rurale dans toutes les circonstances où la ménagère éprouve le besoin de rehausser ses menus. Il va sans dire que, pour l'usage familial, la récolte des pommes de terre retardées pourrait être prolongée beaucoup plus tard que pour la vente.

I. — **Production retardée de pommes de terre de semence.** — Nous citerons deux régions où l'emploi des pommes de terre retardées pour semences est fréquent : la région de Montélimar et celle du Sud-Ouest.

Pendant la guerre, un « Office des pommes de terre » avait été créé au Ministère de l'Agriculture afin de procurer des semences, alors très rares, aux cultivateurs qui en manquaient. Une demande de Montélimar étant parvenue à l'Office vers le milieu de juin, celui-ci l'avait d'abord écartée, estimant qu'à une date aussi tardive les tubercules n'étaient pas destinés à la plantation. Sur l'insistance des demandeurs, nous fûmes délégués à Montélimar ; de l'enquête faite sur place, il est ressorti que, dans la région, les plantations très tardives ne sont pas rares ; pour l'emploi comme semences, les cultivateurs ont une préférence marquée pour les tubercules qui en proviennent, préférence basée, nous a-t-on assuré, sur une longue expérience. Il est établi que les semences récoltées prématurément résistent mieux, nous ne dirons pas au mildiou de la pomme de terre, car les pommes de terre plantées tardivement, comme nous le verrons, n'y échappent pas, mais aux maladies dites de dégénérescence, plus redoutables encore dans le Midi que dans le Nord. Peut-être aussi les cultures retardées sont-elles moins exposées au *regrainage*, comme on dit dans l'Est, c'est-à-dire à la formation de tubercules de deuxième végétation, que les cultures établies au printemps.

Au cours de la guerre également, M. le Sénateur Loubet nous a appris que certains cultivateurs du Lot pratiquent régulièrement les plantations d'été de pommes de terre et en tirent des semenceaux. Les renseignements très encourageants que l'un d'eux, M. Roques, à Saint-Géry, a bien voulu nous adresser, en 1917, méritent une mention spéciale, en raison de la longue durée des cultures auxquelles ils se rapportent :

« Depuis 1887, écrit M. Roques, je n'ai pas laissé passer une seule
« année sans planter des pommes de terre, dans des champs non arrosés,
« aussitôt après la moisson du blé et jamais je n'ai eu à le regretter, même
« en année de grande sécheresse. Bien des voisins font comme moi, et
« si la culture d'été des pommes de terre n'est pas plus répandue, c'est
« parce qu'on n'a pas la prévoyance de détourner les semences néces-
« saires ; bêtes et gens ont tout consommé quand arrive le moment de
« planter. A la vérité la plantation a lieu bien tard, du 10 au 25 juillet ;
« il m'est arrivé d'aller jusqu'au 3 août et j'ai réussi.

« J'ai vu obtenir de bonnes récoltes dans toutes les terres, sauf en
« terres argileuses difficiles à travailler pendant l'été. Les meilleures sont
« les terres douces, limoneuses ; ce sont précisément celles que je cul-
« tive. Le blé sur fumier de ferme y produit en moyenne 25 à 35 hecto-
« litres à l'hectare.

« Je plante à la charrue. Aussitôt le blé récolté, je laboure à 18-20 cen-
« timètres. Les tubercules sont déposés à la main sur le flanc de la bande,
« à 12-15 centimètres de profondeur et à la distance de 90 sur 50 centimètres.

« Les touffes sont donc assez éloignées l'une de l'autre ; les façons
« d'entretien, lesquelles se bornent à un binage et à un buttage, s'en
« trouvent facilitées ; autre avantage, les plants écartés résistent mieux à
« la sécheresse. Comme la vigne, la pomme de terre est traitée à la
« bouillie bordelaise.

« Toutes les variétés sont recommandables ; je m'adresse ordinaire-
« ment aux variétés Institut de Beauvais et Early rose. La première,
« quoique tardive, me donne les récoltes les plus abondantes et les moins
« sujettes à la maladie. »

« La récolte a lieu fin octobre, et même on attend que la gelée
« blanche ait roussi les feuilles. Les rendements obtenus sont à peu près
« réguliers et très satisfaisants, puisqu'ils atteignent 10.000 kg. et plus,
« chiffre élevé pour notre région. Les tubercules sont de bonne conserva-
« tion. *Comme semences, j'emploie toujours des pommes de terre récoltées*
« *après blé.* »

Nous tenons, d'autre part, de M. le Professeur Dumont qu'en Haute-
Garonne « on réserve de préférence les tubercules des tardivaux pour la
reproduction, parce qu'ils sont moins germés quand arrive le moment de
les confier à la terre pour les prochaines récoltes. »

Rien d'étonnant à ce qu'on choisisse comme plants des pommes de
terre nouvelles. Ne sait on pas que les tubercules incomplètement mûrs
fournissent les meilleurs semenceaux. A l'appui de ce fait, qu'il a mis en
relief, M. Philippe de Vilmorin signale qu'à Jersey, où l'on cultive de
grandes quantités de pommes de terre de primeur, les cultivateurs, en
même temps qu'ils arrachent les tubercules destinés à l'expédition sur
les différents marchés de l'Europe, mettent de côté le plant nécessaire
à la plantation de l'année suivante. Ainsi peut-il en être pour les pommes
de terre retardées.

II. — Production retardée de pommes de terre nouvelles.
— Deux cas peuvent se présenter : ou bien, dans la région où l'on opère

la plante n'a pas à redouter les gelées de l'hiver, ou bien la culture retardée se poursuit dans une région à hiver froid, pendant lequel la végétation de la pomme de terre est toujours arrêtée.

LES GELÉES D'HIVER NE SONT PAS A CRAINDRE. — Lorsque, comme dans certaines parties du midi de la France et du nord de l'Afrique, on n'a pas à compter avec les gelées, la plantation peut être faite à n'importe quelle époque de l'année ; on choisit tout naturellement les périodes pendant lesquelles la vente des pommes de terre nouvelles est rémunératrice. Les producteurs d'Algérie, par exemple, pourraient prolonger à volonté la période actuelle de vente des pommes de terre de primeur, en les livrant à la consommation soit avant, soit après la date ordinaire, suivant qu'ils y trouveraient un avantage commercial. La méthode de culture est la méthode courante ; nous n'avons pas à en parler longuement ; toute la difficulté est de disposer le moment venu, de semences irréprochables. Nous allons, sans plus attendre, traiter de la question du choix des semences et des variétés.

CHOIX DE SEMENCES. — Des expériences anciennes déjà, poursuivies à la ferme expérimentale de l'Institut agronomique, d'une part, d'autre part, en collaboration avec M. Marcel Blanchard, Ingénieur Agronome, agriculteur à Kermabon (Morbihan), puis à l'Ecole de Grignon, pendant la guerre, avec des pommes de terre nouvellement récoltées, expériences effectuées, à la vérité, sur de petites surfaces, nous ont appris qu'il faut donner la préférence aux plants de l'année précédente, conservés soit dans un local refroidi aux environs de 0°, soit à une lumière assez vive, à partir du printemps.

La supériorité des vieux plants sur ceux de l'année s'est nettement manifestée lors d'expériences exécutées en Suisse romande, en 1916, sur l'initiative de l'Etablissement fédéral d'essais de semences de Lausanne. Des plantations faites depuis le 15 juillet jusqu'aux premiers jours d'août, avec des tubercules de l'année précédente conservés sur des claies placées à la lumière, ont fourni en mars, après un long séjour sous la neige, des récoltes atteignant cinq ou six fois le poids des semences employées. En plantant des tubercules de variétés précoces, telle qu'Early rose, obtenus l'année même, et verdis également à la lumière, la levée a été très irrégulière et s'est produite trop tardivement pour que les plants puissent se développer normalement et fournir des récoltes appréciables.

A défaut de vieux tubercules, on pourrait peut-être toutefois employer comme plants, des pommes de terre nouvelles d'Algérie ou de Bretagne ; ce ne serait, dans tous les cas, qu'un pis aller, car le prix élevé des semences rendrait l'opération coûteuse.

PLANTS CONSERVÉS DANS UN LOCAL REFROIDI. — Il y a bien des années qu'un agriculteur tunisien, se plaignant de la germination irrégulière des plants de pommes de terre de l'année destinés à la production de primeurs, nous donnions le conseil — conseil qui ne paraît pas avoir été suivi — de s'adresser à de vieilles semences conservées dans un local refroidi artificiellement. Ce mode de conservation n'a qu'un tort : il est trop coûteux pour un particulier. Nous estimons qu'une Association aurait au contraire, grand profit à l'appliquer ; plus d'altération à craindre, au moment de leur emploi, on retrouve les tubercules tels qu'on les avait déposés. Bien mieux, nous avons constaté, en 1890, que des moitiés de tubercules maintenues pendant plusieurs mois dans la cave d'une brasserie à fermentation basse, où la température oscillait entre 0 et 4°, ont fourni des plantes beaucoup plus vigoureuses que les moitiés correspon-

Cliché P. O.

Fig. 28. — Intérieur d'une chambre froide au frigorifique de Paris-Ivry.

dantes conservées au laboratoire de la Station ; elles ont produit 1/4 environ de plus que celles-ci. Fait plus surprenant, utilisés comme plants l'année suivante, les tubercules provenant des moitiés refroidies se sont montrés supérieurs à ceux issus des autres moitiés. Le temps ne nous a pas permis de creuser cette question, à notre avis très importante, du froid sur l'exaltation de la vitalité des plantes de toute nature, car nos essais ont aussi porté sur des semences sèches. Voilà, dans tous les cas, des constatations bien faites pour encourager ceux qui voudraient essayer la conservation des semences par le froid.

Dans la notice de la Compagnie d'Orléans signalée au début de ce rapport, figure ce conseil judicieux :

« L'entreposage frigorifique a pour but de maintenir les tubercules en
« complet état de repos et d'éviter la sortie des germes jusqu'à l'époque
« de la plantation. Il doit donc se faire *avant mars, c'est-à-dire avant les*
« *premières manifestations d'activité de ces germes.* La pomme de terre se
« conserve en sacs, caisses, tonneaux ou en vrac, à une température

« voisine de 0° centigrade, oscillant de préférence entre + 2° et + 5°, avec
« un degré hygrométrique d'environ 85 ».

Nous croyons que, dans les années avancées, pour des tubercules de
variétés relativement précoces, antérieurement gardés dans un local insuffisamment à l'abri de la température extérieure, il serait imprudent d'attendre la fin de février pour les mettre en glacière.

PLANTS DE L'ANNÉE PRÉCÉDENTE EXPOSÉS A LA LUMIÈRE. — A défaut
de pommes de terre conservées au froid, au printemps, avant le départ
des germes, on s'adressera à des tubercules bien sains, de bonne grosseur ;

FIG. 29. - Conservation des tubercules de semences sur clayettes.

on les disposera sur des clayettes à la façon des jardiniers et des marchands grainiers, et on les exposera à une lumière assez vive. Dans ces
conditions, le tubercule se flétrit un peu et émet des germes courts et très
gros ; en dépit des apparences, ces plants partent avec une vigueur remarquable.

RÉGIONS A HIVERS FROIDS. CHOIX DES VARIÉTÉS. — Ce que nous venons de dire des semences s'applique à tous les cas de culture retardée.
Pour ce qui est du choix des variétés, bien que Royale Kidney ait pu être
employée avec succès, nous recommanderons, particulièrement dans les

régions à hivers froids, de s'adresser, plutôt qu'à des variétés horticoles : Victor, Royale Kidney, Quarantaine de la Halle, Belle de Juillet, etc... à des variétés à deux fins de grande production, de forme irréprochable, rappelant celle des Hollande, c'est-à-dire à tubercules allongés, jaunâtres, réguliers, lisses et n'ayant qu'un petit nombre d'yeux. Magnum bonum est celle dont nous avons surtout fait usage ; il est certain que Flûke, et sans doute aussi Fin de siècle et Géante de Reading, donneraient également satisfaction. On objectera qu'elles fourniront des tubercules à chair blanche, de qualité inférieure à celles des variétés citées il y a un instant ; l'objection ne nous paraît pas d'un grand poids. Dans une pomme de terre de primeur, en effet, c'est l'apparence, la fraîcheur, bien plus que la saveur ou la couleur de la chair, que la valeur nutritive surtout, qui entrent en ligne de compte. Magnum bonum et les variétés similaires présentent les avantages suivants : elles coûtent moins cher que les variétés horticoles, elles sont plus productives, plus résistantes au mildiou ; étant plus tardives, la peau des jeunes tubercules se détache plus longtemps ; nous comprendrons mieux dans un instant l'intérêt de cette dernière circonstance.

D'autres variétés ont été préconisées pour cette culture, par exemple, Institut de Beauvais et Early rose ; Industrie s'en accommoderait aussi. Dépréciées, en raison soit de leur peau rougeâtre, soit de leur forme ronde, nous les estimons peu recommandables.

Date de la plantation. — Elle dépend des conditions du marché. Dans les régions froides, la plantation doit avoir lieu assez tôt pour qu'au moment où le froid arrête la végétation, les tubercules aient acquis, comme taille et aspect extérieur, les caractères des pommes de terre nouvelles. Comme, d'une année à l'autre, cet arrêt se produit un peu plus tôt ou un peu plus tard, on s'explique l'avantage des variétés tardives sur les variétés horticoles, qui sont toutes précoces. Dans l'est de la France, la première quinzaine d'août nous a paru la plus favorable ; quand le froid survient, la grande majorité des tubercules a atteint la taille recherchée.

En principe, il vaut mieux planter plus tôt que plus tard ; les tubercules trop gros sont conservés pour semences ou pour la consommation courante ; évidemment, ces grosses pommes de terre s'écoulent à un prix moins avantageux que celles de taille moyenne. Si les pommes de terre sont récoltées dès les premiers froids, alors que la peau se détache facilement, elles peuvent être vendues immédiatement comme pommes de terre nouvelles. Si, au contraire, on les laisse en terre, afin d'échelonner la vente pendant tout l'hiver, pour que les tubercules ne gèlent pas, on butte fortement les pieds, après avoir coupé les fanes. En laissant des interlignes assez larges, de 0^m,70 environ, il est possible, lors du buttage, de recouvrir les tubercules d'une épaisse couche de terre. Dans l'est, le buttage ne suffit pas, il faut recouvrir la terre de fanes coupées et de paille ; dans les régions où, comme en Bretagne, la fougère est abondante, ses feuilles fournissent une excellente couverture.

Récolte. — Pendant tout l'hiver, quand la terre n'est pas durcie par le froid, on arrache les tubercules au fur et à mesure des besoins ; peu à peu leur peau se durcit et cesse de se détacher ; il faut la gratter assez fortement pour arriver à l'enlever. Cette particularité déprécie un peu, il faut le reconnaître les tubercules de la culture retardée, car elle n'échappe pas à l'acheteur, mais celui-ci n'y prend plus garde dès qu'il s'est rendu compte de la qualité de la marchandise. M. Marcel Blanchard qui, pendant l'hiver de 1902, a porté des pommes de terre retardées sur le marché de Lorient, en a trouvé bientôt le prix des primeurs ordinaires, qui atteignait alors de 0 fr. 60 à 0 fr. 70 le kilogramme.

Chez M. Blanchard, dans un jardin bien fumé et assez frais, la récolte de trois ares, rapportée à l'hectare, a atteint 10.000 kgr. pour une plantation effectuée le 15 août ; 12.000 pour une plantation faite huit jours plus tôt. En définitive, la récolte issue du dernier semis n'a pas rapporté moins que la première, à cause de la proportion plus grande, dans celle-ci, de gros tubercules qui ont dû être écartés.

En province, en pleine campagne, où, pendant l'hiver, il est impossible d'acheter des pommes de terre de primeur, les pommes de terre retardées sont très appréciées. Les remerciements qui nous sont venus spontanément de maîtresses de maison auxquelles nous avions indiqué ce mode de production nous en ont apporté le témoignage.

Fumure. — Il est presque superflu d'ajouter que la terre qui reçoit les pommes de terre à la fin de l'été doit être bien préparée, émiettée et bien fumée ; appliquer 20.000 kgr. au moins de fumier *bien décomposé,* — les fumures fraîches provoquent le noircissement des tubercules en contact avec le fumier, — plus 400 kgr. de superphosphate et 300 kgr. de nitrate de soude. La potasse exerce une action marquée sur la pomme de terre ; aussi l'apport de 200 kgr. de sulfate de potasse est-il indiqué, mais le sulfate est cher et si, par raison d'économie, on voulait le remplacer par du chlorure ou de la sylvinite, ces engrais devraient être appliqués au moins un mois à l'avance, ou mieux à l'automne précédent, en raison des inconvénients qu'ils peuvent présenter. Il s'agit cependant, ne l'oublions pas, d'une culture de luxe, pour laquelle il ne faut pas ménager les fumures.

La maladie du mildïou, nous l'avons constaté, sévit sur les pommes de terre retardées. Deux traitements au sulfate de cuivre, le premier appliqué dès que les fanes ont atteint une vingtaine de centimètres, le second un peu avant l'époque de la floraison, auront raison du mal.

CONCLUSIONS

La culture retardée des pommes de terre permet d'obtenir, à la fin de l'automne et pendant tout l'hiver, des tubercules présentant les caractères des pommes de terre nouvelles. Elle est basée sur la possibilité de conserver des semences d'une année à l'autre, soit en les emmagasinant

dans un local refroidi au-dessous de la température de germination —
environ 10° — mais mieux au voisinage de 0°, soit en exposant les plants
à la lumière depuis le moment où les germes sont sur le point de partir.

La culture retardée des pommes de terre vise :

1° la production de primeurs soit dans un but commercial, soit en vue
simplement de la consommation familiale ;

2° la production de semences.

Elle se poursuit ou bien en plein champ, si la terre est fertile, assez
fraîche, bien travaillée et bien fumée, ou bien au jardin.

Les semences produites par la culture retardée et récoltées prématurément sont préférées aux semences mûres dans les régions où l'on
en fait usage. Cette préférence paraît justifiée ; la supériorité qu'on reconnaît aux semences retardées serait due à une plus grande résistance de
leur descendance aux maladies de dégénérescence : frisolée, enroulement, etc...

Des expériences poursuivies à la Station d'essais de semences, en
collaboration avec M. Blanchard, il résulte que les variétés à tubercules
allongés, réguliers, possédant des yeux superficiels, telles que Magnum
bonum, Flûke, Fin de Siècle, Géante de Reading, sont plus avantageuses
à employer que les variétés horticoles, Victor, Royale Kidney, Quarantaine
de la Halle, parce que plus productives ; plus tardives également, la peau
en devient moins rapidement adhérente à la chair.

On choisira des tubercules sains et assez gros, de 100 gr. au moins ;
on éborgnera un certain nombre d'yeux, si l'on est pressé d'obtenir très
rapidement des tubercules de taille suffisante.

La plantation aura lieu du 15 juillet au 15 août, en terre bien préparée
et convenablement fumée, à raison de 4-5 pieds par mètre carré, en
laissant entre deux lignes un intervalle d'au moins 0^m,70, pour faciliter le
buttage.

La pomme de terre retardée est sujette au mildiou ; ne pas négliger
les traitements au sulfate de cuivre.

Dans les régions froides, on buttera très fortement les plantes et on
couvrira la terre de paille ou de feuilles.

L'arrachage se fera au fur et à mesure des besoins — les périodes de
gel exceptées — de la fin d'octobre jusqu'à la fin de janvier pour la vente
sur les marchés, jusqu'au début du printemps pour la consommation familiale.

Vœu. — *Le Congrès appelle l'attention des agriculteurs sur la possibilité de produire par la culture retardée de la pomme de terre 1° dans les situations favorables, des produits de primeur susceptibles de diminuer dans
une certaine mesure nos importations de l'Etranger ; 2° des plants de semences plus résistants aux maladies de la dégénérescence.*

(Adopté).

LES PROCÉDÉS DE CONSERVATION
DE LA POMME DE TERRE EN GRANDE CULTURE

Par MM. DESSALLES et LAFONT

Directeurs des Services agricoles de la Haute-Vienne et du Lot.

Avant-propos. — Depuis l'époque de la récolte jusqu'à celle plus ou moins éloignée de la consommation, de la plantation ou de la vente, la pomme de terre est exposée aux attaques des infiniments petits et à l'action dissolvante de la nature qui se traduisent par un déchet extrèmement important.

Pour l'ensemble de la France, on peut évaluer, sans exagération, à une centaine de millions la perte annuelle que causent les pourritures diverses et la pousse trop rapide des bourgeons à l'arrière-saison. — Ce chiffre peut être facilement doublé, si l'on tient compte de l'influence désastreuse exercée, par les mauvaises conditions de conservation, sur la vitalité des tubercules de semences.

Le plus souvent, il n'est que trop aisé de le constater, l'agriculteur ne s'émeut pas beaucoup du dommage qui lui est ainsi causé, parce qu'il le considère comme inévitable. — Il l'accepterait à coup sûr moins facilement, s'il en connaissait mieux les causes réelles et par conséquent les moyens pratiques de l'éviter. — Déjà au cours des dernières années s'est imposé à lui la nécessité de conserver à part et dans les meilleures conditions les semences de pomme de terre ; demain sans doute, par la progression incessante de son éducation technique, il sera amené à mieux soigner l'ensemble de sa production.

L'étude qui suit a surtout pour but de lui fournir sous une forme simple, les notions théoriques et pratiques dont il a besoin pour mener à bien la lutte contre les agents de destruction qui menacent sa récolte.

Cette étude comprend les chapitres suivants :

1° Les causes de la mauvaise conservation des tubercules.

2° Les conditions à réunir pour obtenir une bonne conservation.

3° Les procédés de conservation en usage dans la grande culture et les améliorations à y apporter.

4° Les précautions supplémentaires à observer dans la conservation des semenceaux.

5° Les procédés spéciaux de conservation pouvant intervenir en grande culture.

I. — Les causes de la mauvaise conservation des tubercules.
— Les causes essentielles du déficit dans la conservation des tubercules de pomme de terre sont : d'une part, les maladies d'ordre parasitaire ou microbien ; d'autre part, le milieu extérieur quand sa composition a pour but d'exagérer les manifestations vitales du tubercule.

Les infiniments petits, bactéries ou champignons divers, sont la cause de la pourriture qui se manifeste sous deux aspects différents : *pourriture sèche* ou *pourriture humide*. — Ces deux formes de pourriture peuvent apparaître au champ ; le mal s'aggrave ensuite et peut s'étendre par contact d'autant plus facilement que le milieu est plus humide et plus chaud et que les cicatrices faites aux tubercules au moment de l'arrachage constituent d'excellentes voies de pénétration.

La première préoccupation du producteur est donc de surveiller sa culture pendant la végétation. — Au champ, en effet, les maladies cryptogamiques : *Jambe noire* (bacillus phytophtorus), *Rhizoctone* (hypochnus solani), *Moisissure blanche* (sclerotinia libertiana) et surtout *Mildiou* (phytophtora infestans) sont les grands responsables de la pourriture ; l'attaque peut se continuer sur terre après arrachage et en cours de transport lorsque les fanes sont employées pour couvrir les tas et paniers.

A la cave la pourriture est en outre accélérée ou provoquée par un microbe banal, *le bacillus amylobacter* dont le développement est largement favorisé par l'humidité et par l'élévation de la température.

Les pertes résultant de la vie même du tubercule peuvent être aussi très importantes. — Les manifestations vitales, ralenties au début de la conservation s'exagèrent avec la pousse des bourgeons à partir du début de mars, lorsque la température se relève ; le tubercule se ride, se vide peu à peu de ses réserves hydrocarbonées et azotées, en dégageant de la chaleur, de l'acide carbonique et de la vapeur d'eau. — L'élévation de la température, l'accumulation de la vapeur d'eau sont extrêmement défavorables à la conservation ; elles se produisent dans les tas de grande épaisseur et leurs effets s'aggravent d'autant plus que le cube d'air des locaux de conservation est plus réduit et l'aération plus difficile à réaliser.

L'accumulation d'acide carbonique qui se produit dans les mêmes conditions peut avoir des effets désastreux sur la vitalité des semences ; on lui attribue avec quelque apparence de raison, le boulage.

II. — Les conditions à réunir pour obtenir une bonne conservation. — Des quelques considérations qui précèdent, il résulte, avec évidence, que pour obtenir une conservation parfaite, il faut autant que possible n'emmagasiner que des tubercules secs et sains, dans des locaux sains, réunissant des conditions telles que le développement des agents de putréfaction et la vie même du tubercule soient réduits au minimum.

Les prescriptions à suivre ont été indiquées excellemment par MM. Ducomet et Foëx dans le petit guide du sélectionneur édité en 1923, par les Offices Agricoles Régionaux. — On peut les résumer ainsi :

1° Effectuer la récolte par beau temps, couper et enlever les fanes avant l'arrachage, s'il y a eu forte invasion de mildiou.

2° Eliminer au ramassage tous les tubercules pourris, suspects de maladie ou touchés par les instruments d'arrachage. — Les tubercules suspects se reconnaissent assez facilement à des changements de coloration, à des brunissements de la peau, sur des étendues variables lorsqu'il s'agit du mildiou et de la jambe noire ; à des pustules noires pour le rhyzoctone.

3° Laisser ressuyer les tubercules sur le sol ou sous un hangar pendant quelques heures avant de les rentrer.

4° Désinfecter soigneusement les locaux destinés à les recevoir.

5° Eviter l'accumulation des tubercules sur de trop grandes épaisseurs, ne pas dépasser en principe 60 à 70 centimètres.

6° Régler au mieux les conditions de température, d'humidité et d'aération des locaux de conservation, de manière à obtenir un milieu sec, ventilé et froid. — Les deux termes humidité et température sont complémentaires l'un et l'autre et jouent le principal rôle dans la conservation de la pomme de terre.

C'est seulement au-dessus de 8° que le développement exagéré des agents de la pourriture et la pousse des bourgeons sont à craindre. Au-dessous de cette température le danger est presque nul.

Toutefois au-dessous de 4° le froid est à redouter ; il y a accumulation de sucres par ralentissement de la respiration ; le tubercule prend un goût douceâtre qui peut nuire à la vente. — Enfin lorsqu'on se rapproche trop de 0°, le tubercule est menacé de destruction totale par le gel.

Une température comprise entre 3 et 5° est celle qui convient le mieux.

L'humidité du local doit être aussi faible que possible, afin de limiter la germination et l'évolution de la multitude des spores et des bactéries diverses ; cependant un milieu trop sec conduit au flétrissement.

L'aération est absolument indispensable pour maintenir la température au voisinage de 4° et pour assurer l'évacuation de l'excès de vapeur d'eau et d'acide carbonique. — Elle doit être modérée, mais complète, c'est-à-dire faire sentir son action dans toute la masse des tubercules emmagasinés.

Quant à l'éclairement des locaux, qui n'est pas forcément obtenu par l'aération, il est favorable à la conservation ; mais il importe de le régler différemment, selon qu'il s'agit de pommes de terre de consommation ou de pommes de terre de semence.

Dans le premier cas l'éclairement doit être très faible ou nul, afin d'éviter le verdissement ; dans le second cas au contraire, l'éclairement est à conseiller. — Les tubercules verdis résistent mieux aux agents de

la pourriture ; la lumière retarde l'allongement des « yeux » qui restent
plus trapus et plus solides. Toutefois la lumière vive n'est pas à recommander ; la lumière diffuse est préférable à l'insolation.

**III. — Les procédés de conservation de la grande culture et
les améliorations à leur apporter.** — La grande culture utilise pour
la conservation des pommes de terre les caves, les celliers, les silos et
aussi, mais beaucoup plus rarement, les magasins spéciaux.

Caves et celliers. — En général dans la cave la température peut
être maintenue sans grandes variations autour de 4°, beaucoup plus facilement que dans le cellier. — Par contre l'aération y est plus difficile et l'humidité plus grande. — La cave et le cellier ont le défaut commun de constituer des milieux contaminés où abondent les agents de la pourriture. —
Mais leur défaut le plus grave, c'est leur exiguïté qui oblige le producteur
à entasser les tubercules sur plusieurs mètres d'épaisseur avec tous les
inconvénients déjà signalés : aération impossible, élévation considérable de
la température à l'intérieur du tas, accumulation de vapeur d'eau et de C O'
qui conduisent inévitablement à la perte totale ou partielle de la récolte.

On ne saurait trop insister auprès des cultivateurs pour qu'ils remé-
dient à cet état de choses en observant strictement les conseils suivants :

Désinfecter préalablement cave et cellier avec la bouillie bordelaise
ou le formol.

Séparer les tubercules du sol et des murs par une couche de paille ou
de brindilles bien sèches.

Entasser sur une épaisseur aussi réduite que possible (0^m,60 à 0^m,70
au maximum).

Ménager dans la masse des cheminées d'appel espacées de 1 mètre en
tous sens.

Pratiquer au besoin la percée d'ouvertures supplémentaires, au nord
de préférence, pour que l'air frais extérieur pénètre en quantité suffisante.

Remuer les tas à deux ou trois reprises en cours de conservation en
enlevant les tubercules gâtés.

Ventiler par temps sec et froid. — Calfeutrer seulement les ouvertures
lorsque le gel est à craindre.

Silos. — Le silo est utilisé couramment pour la conservation des
pommes de terre dans certaines régions françaises ; il est à peu près
inconnu dans d'autres. — La région du Centre-Sud, en particulier,
l'ignore et c'est fort regrettable, car dans un silo bien confectionné la
température ne s'élève pas, l'aération est parfaite, l'accumulation du gaz
carbonique nulle. — Or il est toujours possible à la ferme de trouver la
place suffisante pour établir un silo d'une manière rationnelle.

D'excellents agriculteurs considèrent, non sans raison que le silo peut
jouer le rôle d'un véritable sanatorium dans la lutte à mener contre la
dégénérescence des semences ; cette dégénérescence s'accentuant rapide-

ment lorsqu'à l'action des agents qui la déterminent s'ajoutent de mauvaises conditions de conservation.

Dans le silo le départ des bourgeons à la fin de l'hiver est retardé ; c'est une circonstance à coup sûr favorable à la bonne conservation des tubercules de consommation, mais plus favorable encore aux semences.

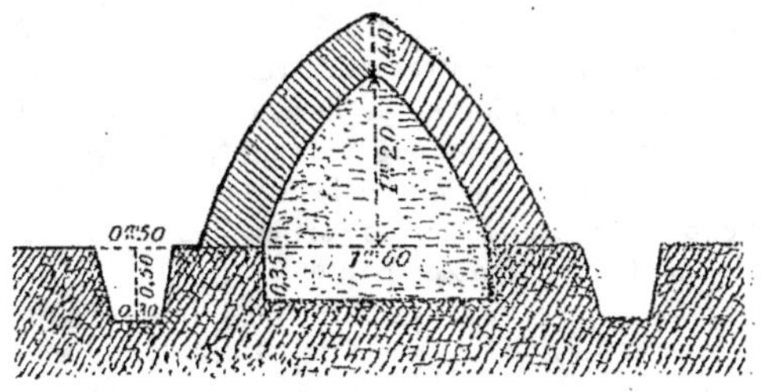

Cliché *Vie à la campagne*.
Fig. 30. — Coupe d'un silo à pommes de terre.

A ce dernier point de vue le silo ne saurait être trop recommandé. — Sa construction facile, peu coûteuse le met à la portée de tous.. — Grâce à lui pourraient être décongestionnés les caves et les celliers, pour le plus grand bien des tubercules qui s'y trouvent habituellement emmagasinés en trop grandes masses.

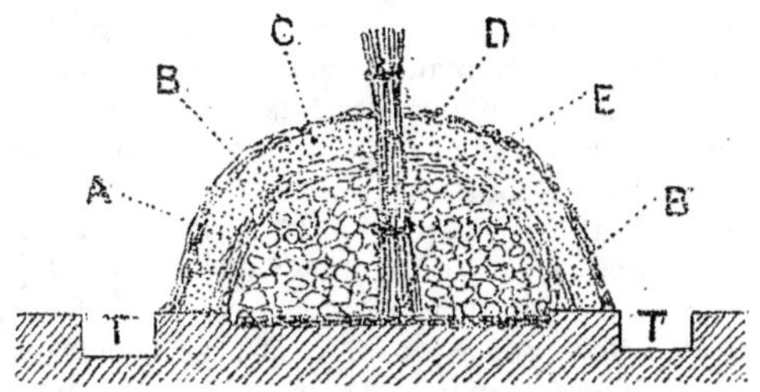

Cliché *Vie à la campagne*.
Fig. 31. — Confection d'un silo à pommes de terre.

A. Pommes de terre. — B. Paille de seigle. — C. Couche de terre de 0 m. 20 d'épaisseur. D. Paille ou fumier. — E. Cheminée d'aération. — T. Rigoles d'écoulement des eaux.

Plusieurs systèmes de silos entreraient dans le cadre de cette étude ; mais tenant compte des besoins de la plupart des exploitations, nous nous bornerons à indiquer le silo temporaire (conique ou longitudinal) construit en surface ou demi enterré..

Quel que soit le type choisi, les dimensions à donner au silo seront calculées de telle façon que le tas de tubercules n'excède pas 1 m. 20 de hauteur et 1 m. 60 de largeur.

On n'emmagasinera que des tubercules bien ressuyés. Une couche de paille ou de brindilles bien sèches les isolera du sol ; des cheminées d'aération constituées par des fagots de brindilles seront ménagées de distance en distance et laissées largement ouvertes au début de la conservation pour permettre l'évacuation de la vapeur d'eau provenant de la transpiration des tubercules. — L'entassement terminé, on couvrira les tubercules d'une bonne épaisseur de paille (8 à 10 centimètres environ) puis d'une couche de terre (12 à 20 centimètres) fortement tassée. — Ce travail sera effectué de préférence le matin ou à la tombée de la nuit, alors que la température est très peu élevée de manière à placer les tubercules dans une atmosphère froide. — Pendant les grands froids l'orifice des cheminées d'aération sera calfeutré à l'aide de bouchons de paille.

L'emplacement du silo devra être choisi avec un soin particulier, sur un sol sain, exposé au nord, si possible, et présentant une petite déclivité. — L'assainissement à peu près absolu sera obtenu à l'aide d'un fossé périphérique qui assurera l'écoulement des eaux d'infiltration.

IV. — Les précautions supplémentaires à observer pour la conservation des semences. — Il est à peine besoin d'insister sur l'influence absolument prépondérante exercée par le bon choix et la bonne conservation des semences dans la culture de la pomme de terre.

A ce point de vue, aucun effort, aucun sacrifice ne sauraient être trop grands et il faut bien reconnaître que la majorité des agriculteurs est maintenant convaincue de la nécessité de produire et de conserver à part les semences, en les entourant de précautions spéciales.

Une bonne semence, une semence saine ne peut provenir que d'un champ sain d'où les pieds malades ont été expurgés avec soin au cours de la végétation. — Il est toujours possible à la ferme d'obtenir cette semence en la produisant dans une parcelle séparée de la culture normale ; l'opération a été réussie au cours de l'année 1923, en Haute-Vienne, dans une centaine d'exploitations sur près de 60 hectares, dans les deux centres de sélection cantonaux de Laurière et de Saint-Amand-Magnazeix.

Pour conserver ensuite cette semence en excellent état de productivité, nous n'hésitons pas à recommander spécialement. en plus des précautions déjà indiquées pour les tubercules de consommation :

1° La mise en silo de préférence à la mise en cave ou en cellier.

2° La mise en clayettes en complément ou en remplacement de la mise en silo, lorsqu'on dispose dès la récolte de matériel et de locaux suffisants. — Les clayettes superposées laissant circuler facilement l'air autour des tubercules permettent une conservation absolument parfaite.

Il suffit de maintenir le local à une température inférieure à 10° jusqu'au début de mars, de manière à éviter le départ prématuré des bourgeons, et de garder un certain degré d'humidité afin d'empêcher le flétrissement.

Les clayettes usuelles sont du format $0,65 \times 0,35 \times 0,06$; elles peuvent contenir environ 15 kg. de tubercules. — Il faut donc compter environ 200 clayettes par hectare. — La dépense nécessitée par leur construction (1 franc par clayette) apparaît bien minime au regard des bénéfices énormes procurés par leur emploi.

3° Le verdissement à partir du début de mars. — On l'obtient en laissant pénétrer modérément la lumière dans le local contenant les clayettes. — La lumière a l'avantage de retarder l'allongement du germe et d'augmenter sa solidité.

Le verdissement est à conseiller au moment de la récolte, à la suite d'une attaque de mildiou ; mais il est préférable de faire verdir sous hangar ou à l'ombre plutôt qu'au soleil.

Les procédés spéciaux de conservation en grande culture. — Nous ne mentionnons que pour mémoire l'intérêt que présenterait pour la grande culture l'utilisation des procédés de conservation par réfrigération ou par séchage qui font l'objet de rapports spéciaux, dans le cadre du Congrès.

Cette utilisation serait rendue possible dans les grandes régions de production par la création d'établissements ou de magasins de conservation coopératifs sur le modèle de ceux adoptés pour le blé et le tabac.

Procédés a la chaux et au soufre. — La chaux pulvérisée utilisée depuis fort longtemps dans certaines régions pour la conservation des pommes de terre, donne de bons résultats. — Les tubercules sont saupoudrés une première fois lors de l'emmagasinement avec 5 % de chaux, puis une seconde fois à dose égale lors du premier brassage.

Des essais suivis pendant 23 ans par M. Cadoret, Directeur des Services agricoles de la Savoie ont montré l'efficacité du procédé.

En 1896, notamment, au château de Gourdan (Ardèche) les résultats suivants furent obtenus après six mois de conservation (15 octobre 15 avril).

Lot chaulé à 10 % de chaux. . 5 % de pommes de terre pourries.
Lot témoin. . . . . 27 % de pommes de terre pourries.

La conservation des pommes de terre à l'aide du *soufre* a été indiquée à l'Intendance pour la première fois en 1916. — Des essais comparatifs organisés par M. Cadoret, permirent de constater que le lot soufré à 10 % en deux fois, présentait le 23 juin, après huit mois de cave, une conservation parfaite et presque supérieure au lot chaulé. — Mais les pommes de terre soufrées montraient une abondance de germes filiformes et l'atrophie générale des jeunes racines placées à la base des bourgeons.

Un travail de comptage assez long donna les résultats suivants :

LOT SOUFRÉ			LOT CHAULÉ		
NOMBRE DE GERMES SUR 100 TUBERCULES SOUFRÉS A 10 °/₀			NOMBRE DE GERMES SUR 100 TUBERCULES CHAULÉS A 10 °/₀		
Gros	Filiformes sans racines	Atrophiés sans racines	Gros	Filiformes sans racines	Atrophiés sans racines
31	127	92	102	78	32

A l'instar de notre excellent collègue de la Savoie, nous engageons donc les hommes de progrès à se faire les vulgarisateurs de la méthode à la chaux et les agriculteurs à l'appliquer à la totalité de leur récolte lorsque celle-ci n'apparaît pas absolument saine. (1)

PROCÉDÉ. A L'ACIDE SULFURIQUE. — L'immersion des tubercules pendant douze heures dans de l'eau aiguisée d'acide sulfurique à 2 °/₀ a été préconisée par l'éminent Professeur à l'Institut National agronomique, M. Schribaux. — En principe, l'opération doit se faire quand les « yeux » sont déjà bien apparents de manière à les détruire. On arrive ainsi à prolonger la conservation jusqu'à l'époque d'apparition des nouveaux tubercules et cela sans aucune perte.

Il importe, bien entendu, de ne s'adresser qu'à des tubercules sains et bien lavés quand ils proviennent d'une terre calcaire. — Le séchage à l'ombre est ensuite indispensable.

Cette méthode en dehors des opérations longues et délicates qu'elle comporte, nous paraît très difficile à mettre en œuvre sur de grosses quantités de tubercules, si l'on ne dispose pas d'un matériel encombrant et coûteux (laveur, bassine de trempage, claies de séchage, etc...)

Elle pourrait néanmoins intervenir pratiquement dans la plupart des exploitations, pour la conservation parfaite des petites quantités de tubercules nécessaires à l'alimentation du personnel et des animaux de la ferme pendant les mois d'été.

Vœu. — Le Congrès, étant données les pertes considérables dues aux mauvaises conditions de conservation des pommes de terre, soit par suite de gelée, de fermentation ou de maladie,

Signale aux Agriculteurs l'intérêt considérable qui s'attache à une bonne conservation rationnelle du tubercule par l'usage rationnel du silo de construction facile et peu coûteuse, appelle ensuite leur attention sur les soins particuliers que demandent les plants de semence qu'il convient de conserver à part.

Enfin leur indiquer le procédé « à la chaux » comme susceptible de leur donner des résultats pour la sauvegarde des produits non absolument sains ».

Adopté.

(1) M. CADORET a depuis lors continué ses recherches pour trouver une méthode simple et rapide de stérilisation, capable de supprimer toute germination sans porter atteinte à la conservation et aux qualités alimentaires des pommes de terre.

Il préconise les deux méthodes suivantes :

1°. — Immersion des tubercules dans l'eau, à 80° pendant 30° secondes en utilisant chaudières ou lessiveuses.

2°. — Immersion pendant 7 et 8 heures dans de l'eau froide salée à 20 °/₀.

LA CONSERVATION FRIGORIFIQUE
DE LA POMME DE TERRE

Par M. SIGMANN,
Directeur de la Compagnie des transports frigorifiques.

La conservation des pommes de terre est depuis longtemps, depuis toujours pourrait-on dire, de pratique courante et dans nos régions tempérées du moins, considérée comme relativement aisée. La température ambiante n'est que l'un des facteurs de cette conservation, élément important il est vrai, mais facilement réalisable en général sous le climat français. Aussi, le développement de l'industrie du froid qui a révolutionné le commerce de la plupart des denrées périssables, ne pouvait-il avoir sur notre production de la pomme de terre qu'une influence très restreinte.

Par contre l'emmagasinage en entrepôt frigorifique est devenu d'un usage commun dans les pays qui comme les États-Unis par exemple, sont soumis à des variations de température plus étendues et où le froid industriel jouant un rôle considérable dans le commerce de l'alimentation, l'on trouve facilement des locaux maintenus à une température constante.

Car c'est autant par la constance des températures réalisées que par l'infériorité du degré obtenu, que les entrepôts frigorifiques ont permis de réaliser des progrès importants dans la conservation des denrées périssables, des pommes de terre en particulier. Les chambres de ces établissements grâce à l'isolation dont elles sont pourvues et aux moyens de ventilation et de réfrigération dont elles disposent, réunissent les conditions les plus favorables de température, d'aération et d'hygrométricité, avec une régularité et une fixité que l'on s'efforcerait en vain d'obtenir dans les locaux ordinaires.

Entreposage des pommes de terre. — Nous ne croyons pouvoir mieux faire que d'emprunter à un *Bulletin du département de l'Agriculture des États-Unis* (Bulletin N° 729 du 24 juillet 1918) les principales recommandations applicables à l'entreposage frigorifique des pommes de terre.

Un triage préalable s'impose comme dans le stockage ordinaire. Les

Fɪɢ. 32. — Frigorifique de la gare Paris-Ivry.

tubercules doivent être pratiquement exempts d'avarie par gelée, décomposition, coup de soleil, secondes croissances, coupures, maladies diverses, insectes etc...

En vue de diminuer les dangers de détérioration par suite de maladie ou d'exposition à des changements atmosphériques, les pommes de terre doivent être mises en magasin aussitôt que possible après la récolte.

L'arrimage peut se faire soit en vrac, soit en sacs ou en caisses à claires-voies.

Les tas ne doivent pas dépasser une hauteur de six pieds soit (1 m., 82) et les compartiments ou bacs doivent être construits avec des côtés et des fonds garnis de lattes afin de donner une ample ventilation. La contenance des tas doit être limitée à 60.000 livres (27.222 kg.).

Quant aux colis (caisses ou sacs) ils doivent être empilés de manière à permettre une libre circulation d'air sur tous les côtés.

La température ne doit pas être inférieure à 35° Fahrenheit (1°,6 Centigrade) ni supérieure à 40° F (4°,5 C.) Au-dessous de la limite de 1° C, il y aurait à craindre l'effet édulcorant prononcé des basses températures sur le goût de la pomme de terre. Les ventilateurs doivent être de dimensions suffisantes pour qu'à l'entrée de la marchandise, on puisse ramener rapidement la température à 4°,5 C.

L'humidité doit être comprise entre 80 et 90 %, afin d'éviter le recroquevillage ou le ramollissement des tubercules, sans toutefois favoriser les moisissures : ces conditions sont indiquées comme permettant de porter la durée de conservation en frigorifique à 6 mois au minimum, tandis que dans un magasin ordinaire, cette durée ne serait que de 4 à 6 mois. En outre, comme on l'a vu plus haut, il semble que l'emploi du froid artificiel autorise à augmenter la hauteur de stockage (1 m., 82).

La limite de conservation en magasin ordinaire (4 à 6 mois) est suffisante pour la pomme de terre produite et consommée en France. Aussi l'entreposage frigorifique ne se justifie-t il guère chez nous que dans des cas exceptionnels et pour des espèces d'une valeur marchande supérieure comme les primeurs et les semences. Encore convient-il de noter que, grâce à la variété du climat, la période de production des primeurs est en France, relativement étendue. Les diverses régions apparaissent successivement sur le marché qui se trouve approvisionné en pommes de terre nouvelles pendant assez longtemps. Elle s'étendra de plus en plus à toutes les classes de la société et à toutes les régions. Aussi peut-on affirmer que la consommation absorbera aisément les pommes de terre nouvelles que l'emploi du froid artificiel permettrait de produire dans les intervalles qui subsistent encore entre les périodes normales de fournitures de nos diverses provinces, Afrique du Nord comprise.

A cet égard nous ne ferons que rappeler sans y insister, puisqu'ils doivent être l'objet d'un rapport spécial au Congrès, les essais entrepris sur l'initiative de la Compagnie d'Orléans en vue de la culture de la pomme de terre retardée par l'action du froid sur les semences.

Transport des pommes de terre en wagons isothermes. — En dehors de ces cas particuliers d'utilisation du froid pour la conservation de la pomme de terre, il convient de signaler également ici une application spéciale du matériel frigorifique au transport des tubercules pendant l'hiver.

C'est contre le froid lui-même qu'il est alors nécessaire de les proté-

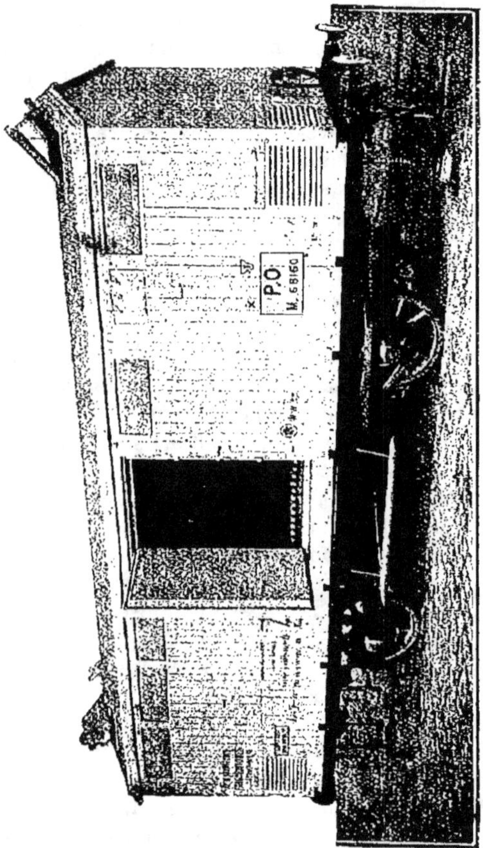

Fig. 33. = Wagon frigorifique de la Cie des Transports frigorifiques.

Cliché Science et Vie.

ger et divers procédés sont depuis longtemps employés, afin d'éviter l'effet de la température extérieure sur la pomme de terre chargée en wagons : lits de paille, cartonnages, etc...

Les wagons frigorifiques offrent un moyen beaucoup plus satisfaisant d'éviter la gelée. Construits, en effet, pour isoler la denrée de la température extérieure, que celle ci soit ou trop chaude ou trop froide, ils conviennent parfaitement au transport des pommes de terre en hiver (1).

Comme conclusion pratique à cet exposé général de l'application des procédés frigorifiques à la pomme de terre, il convient donc de retenir :

1° l'utilisation éventuelle des entrepôts frigorifiques qui, depuis 1914, en raison des nécessités et des enseignements de la guerre, se sont rapidement développés en France. Pour les producteurs du Centre-Sud il y a lieu de retenir particulièrement la gare frigorifique de Paris-Ivry P. O. construite sur l'initiative de la Compagnie d'Orléans au débouché de son réseau dans la capitale. C'est dans cet établissement qu'ont été faits les essais de conservation des pommes de terre de semence en vue de la culture retardée et de la production hors-saison.

2° L'emploi pendant la saison froide des wagons frigorifiques à forte isolation sans réfrigération (wagon isothermique). La Compagnie de Transports Frigorifiques qui a été créée par la Compagnie d'Orléans pour la desserte de son réseau et qui effectue, notamment dans la région limousine des transports considérables de viande fraîche, est en mesure de mettre en hiver à la disposition des expéditeurs, des wagons répondant aux besoins de la pomme de terre.

Vœu. — La communication de M. Sigmann entendue, le Congrès signale aux agriculteurs et négociants la possibilité d'utiliser les entrepôts frigorifiques, actuellement assez nombreux en France, à la conservation des pommes de terre et des plants de semence et les wagons isothermes au transport de ces tubercules durant les forts gelées de l'hiver.

(1) C'est en vertu du même principe que ces wagons frigorifiques sont utilisés en hiver pour le transport de certains fruits qui, comme la banane redoutent une température n'allant pas jusqu'à la gelée (+ 8°) On doit dans certaines circonstances, chauffer ces wagons.

LES SÉCHERIES DE POMMES DE TERRE

par M. LE MONNIER,
Secrétaire Général de la Société d'études du Carburant National.
représentant M. EMILE BARBET, *ancien Président
de la Société des Ingéniéurs Civils de France.*

Depuis deux ans la Société du Carburant National a étudié les méthodes de stockage les plus économiques des produits agricoles périssables.

Tant que cette question de stockage ne sera pas résolue, la production agricole se développera avec une extrême prudence. Mais, lorsque l'Agriculture comme l'Industrie, pourra conserver facilement ses matières premières, c'est-à-dire celles qu'elle ne livre pas toujours directement à la consommation, non seulement le prix de la vie diminuera en proportion de toutes les pertes que l'Agriculture subit à l'heure actuelle, mais encore les cultivateurs deviendront plus hardis. De même qu'ils travaillent sans marchander leurs peines, ils produiront sans compter quand ils auront acquis la certitude de garder, sans aléa, malgré les intempéries, le prix de leurs efforts.

Inconvénients d'une conservation en silo ou en cave. — La conservation des récoltes, sans qu'une dessiccation préalable ait arrêté la vie des cellules, offre de grandes difficultés.

Tandis qu'après la moisson les gerbes séchées au soleil se conservent en meules, jusqu'au printemps, dans leur intégrité, les racines laissées à l'état frais continuent de végéter. Plus la saison avance et plus grand est le déchet que subissent les betteraves, carottes et rutabagas, dans les silos et dans les caves quel que soit le soin apporté à leur récolte. — De toutes les plantes sarclées, les pommes de terre présentent les plus grandes difficultés de conservation. Une température de 7 à 8° centigrades est suffisante pour réveiller l'activité des cellules et provoquer la pousse. Elles sont très sensibles à la gelée qui désagrège leurs tissus, enfin elles portent souvent en elles des germes de maladies qui peuvent rendre inutilisable jusqu'à 50 % d'une récolte. Aussi les silos et les caves dans lesquels on a l'habitude de conserver les racines offrent-ils des inconvénients multiples.

Dans les silos, il est difficile de surveiller la pousse et la pourriture : cependant quand il est possible de n'emmagasiner que des tubercules sains et exempts de germes de maladie, les pommes de terre y conservent jusqu'au printemps le meilleur aspect.

Dans les caves obscures, modérément aérées et dont les parois sont assez épaisses pour maintenir, en cas de gelée, une température supérieure à 0° centigrade, la perte de poids est plus considérable, par suite de l'évaporation, mais la surveillance est plus facile que dans les silos. Dans le courant de l'hiver on peut y pratiquer commodément, à l'abri des intempéries, le triage des pommes de terre atteintes de maladies. Enfin, si la perte de poids brut est généralement plus importante en cave, la diminution de la matière sèche est bien moins considérable que dans les silos. — Mais dans les deux cas la pourriture des pommes de terre malades ne peut être évitée et à partir du 15 avril, quel que soit le système adopté la pousse des tubercules compromet fatalement ce qui reste de la récolte,

On peut dire que la perte subie par les tubercules pendant l'hiver, atteint, dans les meilleures conditions de conservation naturelle, au moins 10 % de la récolte avant la pousse et que, dans une année normale, la perte en fécule des pommes de terre saines peut aller jusqu'à 30 %, de décembre à fin mai.

Cependant la pousse peut être évitée par le traitement à l'acide sulfurique du Professeur Schribaux ; ce procédé aseptise complètement la surface des tubercules. A ce point de vue, il constitue une méthode prophylactique de premier ordre ; mais ceux qui sont déjà malades, envahis par le Mildiou ou par le Bacyllus amylobacter, ne sont pas guéris. La pourriture continue son œuvre à l'intérieur, malgré la destruction des bacilles et des moisissures de la surface.

Nous venons de résumer, en un court aperçu, les difficultés multiples de conservation des pomme de terre dans les silos et dans les caves et nous pouvons en conclure que si la température pouvait être maintenue assez basse pour paralyser la vie des tubercules sans en désagréger les cellules, on pourrait garder les pommes de terre à l'état frais, dans un espace clos, durant une longue période de temps.

Autant dire que le frigorifique seul peut donner la solution du problème, solution toujours coûteuse, puisqu'elle nécessite des frais de transport et d'entretien que la valeur de la marchandise supporte difficilement dans les années d'abondance.

Mais est-il indispensable, dans la plupart des cas, de conserver les pommes de terre à l'état frais. En Allemagne où ce légume constitue la base de la nourriture populaire, moins du tiers de la production est absorbé par la consommation humaine, le reste est livré aux distilleries, aux féculeries ou bien destiné à l'engraissement des porcs.

L'Allemagne a produit en 1912 plus de 50 millions de tonnes de pommes de terre. Elle en produisait déjà 48 millions en 1901. C'est d'ailleurs cette récolte kolossale qui dépassant de 20 % la consommation possible des habitants, de l'industrie et de l'agriculture de tout l'Empire, provoqua dès cette époque, l'étude des meilleures méthodes de conservation des pommes de terre.

Dessiccation des pommes de terre. — Ce n'est, ni du côté des frigorifiques, ni de la dessiccation à l'air libre, préconisée en France par Aimé Girard, que furent aiguillées les recherches des ingénieurs, mais vers l'étude d'appareils continus capables de dessécher tout le stock de tubercules dont la consommation complète eut été impossible avant la saison des chaleurs.

Cette solution était de beaucoup la plus pratique, surtout en Allemagne où le charbon était bien meilleur marché qu'en France. Au début, les séchoirs, imaginés par les Allemands, furent d'un rendement assez bas, mais le bon marché des calories compensait la défectuosité des appareils.

De nombreux systèmes furent essayés, ceux qui donnèrent les meilleurs résultats employaient les gaz chauds d'un foyer. L'appareil Knauer le premier en date, se composait de tambours tournants, munis à l'intérieur de pelles directrices. Les tambours avaient 15 mètres de long et recevaient les gaz de la combustion d'un foyer alimenté à l'aide de lignite.

On arrivait à sécher en 12 heures environ 30 tonnes de pommes de terre découpées en cossettes — le produit sec contenait plus de 17°/₀ d'eau. — L'installation revenait à près de 75.000 fr., soit plus de 225.000 fr. au change du dollar à 15 fr., elle exigeait 30 chevaux de force et 7 ouvriers.

Un autre appareil imaginé par Venuleth séchait les pommes de terre lavées et découpées en tranches, de 3 à 4 mm. d'épaisseur, dans des nochères parallèles, enfermées dans des caisses de 3 mètres de long et communiquant deux à deux. La marche des cossettes était assurée par des vis sans fin tournant dans les nochères. La chaleur était fournie par les gaz d'un foyer aspirés par un exhausteur. Le combustible employé était le coke. Les gaz entraient à 250° et ressortaient à 70°. A la sortie du séchoir les tranches de pommes de terre ne contenaient plus que 14 °/₀ d'humidité, on pouvait en dessécher une tonne à l'heure.

L'installation revenait il y a plus de 20 ans à plus de 35.000 fr. ce qui correspond à l'heure actuelle à 120.000 francs de notre monnaie.

Ces machines très encombrantes et très coûteuses ne pouvaient guère être adoptées que par des industriels, elles étaient en général installées à proximité d'une distillerie.

Quelques années plus tard, la Maison Paucksh livra à l'agriculture un petit séchoir à pommes de terre, basé sur un tout autre principe. Dans cet appareil, les pommes de terre finement râpées sont réparties sur les surfaces de deux cylindres parallèles tournant sur leur axe, chauffés intérieurement à l'aide de vapeur. La mince couche de pommes de terre séchées adhérente aux cylindres est détachée par des couteaux en acier qui raclent les surfaces chauffées et tombe sous forme de flocons dans des trémies placées à droite et à gauche de la machine.

Ces flocons de pommes de terre, très estimés en Allemagne sont employés à la fois, pour la consommation humaine (purées, soupes, etc.), pour l'alimentation des distilleries et pour la nourriture du bétail. Il ne se

forme pas, à la surface des cylindres, de grumeaux de dextrine comme
dans les grands trommels tournants où les gaz chauds sont admis à 400°
et même 500°.

Le produit est d'ailleurs de couleur très claire, sans mauvaise odeur
et atteint naturellement des prix plus élevés que les cossettes séchées à
l'aide de gaz chauds de lignite. Ces dernières sont d'un aspect gris, parfois

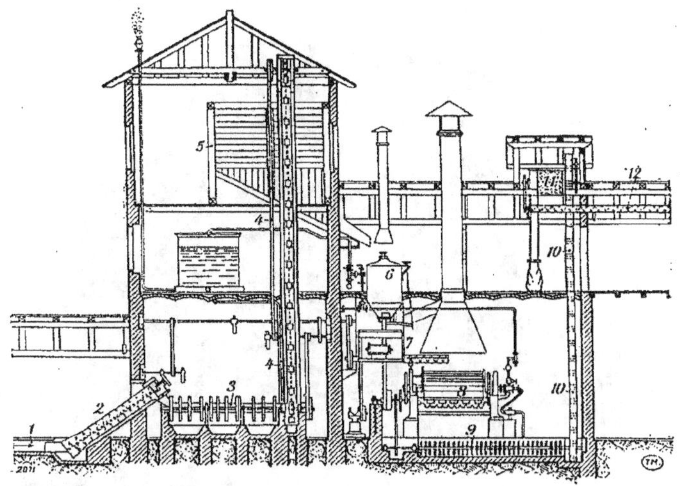

Cliché Technique moderne.

Fig. 34. — Vue d'ensemble d'une usine pour le séchage de la pomme de terre.

brunâtre, les gaz de lignite leur laisse un parfum d'empyreume qui en
limite l'emploi à la distillerie.

Pour en finir avec les séchoirs allemands de pommes de terre, nous
allons analyser le dernier document précis que nous possédons à ce sujet :
il date de la veille de la guerre.

A cette époque, les sécheries produisant des flocons avaient à peu près
détrôné en Allemagne les installations produisant des cossettes. Nous
ajouterons que ce genre de séchoir est toujours en usage et que leur
nombre ne cesse d'augmenter.

Presque tous exigent une cuisson préalable des tubercules qui sont
ensuite écrasés entre des cylindres broyeurs. Le séchage se fait, comme
dans l'appareil Paucksh sur la surface extérieure de cylindres mobiles,
chauffés intérieurement ; la bouillie y adhère en couches minces, des
couteaux la détachent en flocons.

Les cylindres sont chauffés à l'aide de vapeur vive dans les appareils
« Tätosin, Gebrüder, Förster, Venuleth et Aders — La Maison Ed·
Kletzsch chauffe l'intérieur des cylindres à l'huile et non à la vapeur —
l'huile est chauffée à 240° à l'aide d'un appareil spécial, puis une pompe
l'envoie dans les cylindres à travers un système de tuyaux ; en sortant

des cylindres elle retourne à la chaudière. La marche de l'huile est continue, on se sert d'une huile minérale pure dont le point d'allumage est à 350°. La haute température des cylindres augmente le rendement dans des proportions considérables. En une heure on peut sécher 100 kg. de pulpes de pommes de terre crues par mètre carré de surface de cylindre. Il se produit inévitablement dans ce cas des phénomènes de caléfaction

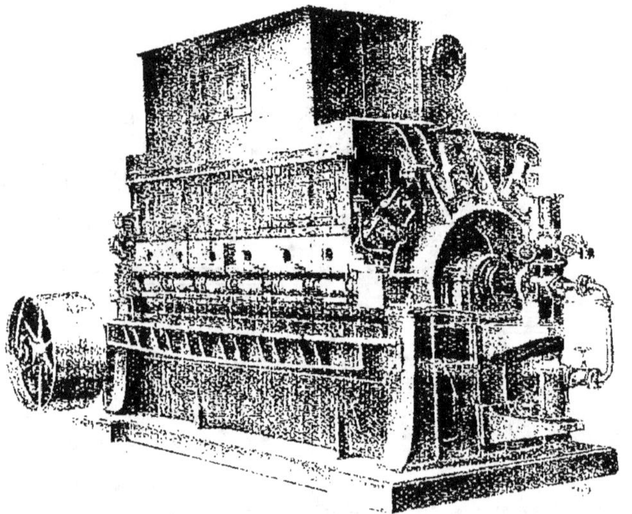

Fig. 35. — Séchoir à un cylindre.

qui empêchent la matière de brûler au contact de l'acier chaud. La vitesse de rotation des cylindres et l'épaisseur de la couche de pulpe est calculée de façon à ce que les flocons soient détachés avant que leur brunissement soit à craindre.

La Maison Buttner proposait avant la guerre à la clientèle française un appareil à cylindres sécheurs chauffés à l'aide de vapeur vive. Cet appareil a surtout servi à condenser des liquides (lait séché de Just Hatmaker, sang desséché, etc, etc..)

Tous ces appareils sont d'un rendement moins économique que les fours tournants. Ils évaporent difficilement 1 kg. d'eau par kilo de vapeur vive condensée et nécessitent, pour la plupart, une cuisson préalable des tubercules. Mais ils présentent l'avantage d'être des instruments fermiers, et, malgré leur mauvais rendement, étant donné le bas prix du charbon et du lignite en Allemagne, ils sont très répandus, surtout dans la Haute-Allemagne, beaucoup moins dans la Vallée du Rhin.

La statistique suivante que nous empruntons au numéro de juillet 1914 du bulletin de l'Institut International d'Agriculture de Rome, donne une idée de l'importance prise en Allemagne par l'industrie du séchage des pommes de terre.

De 1908 à 1911, les sécheries de pommes de terre ont passé de 170 à 327 — 114 faisaient partie d'une exploitation agricole en 1908 — 216 en 1911, c'est-à-dire qu'elles avaient doublé en trois ans.

Il y en avait 140 à cylindres sécheurs en 1908, 270 en 1911 — A cette date, 54 seulement étaient à tambours — Sur 327 appareils, 273 étaient

Cliché *Technique moderne*

Fig. 36. — Séchoir à deux cylindres.

chauffés par la vapeur et 58 par les gaz de combustion, 191 établissements travaillaient jour et nuit après la récolte.

En 1911 sur 327 établissements,

323 séchaient des pommes de terre non pelées,

52 produisaient des cossettes et des rondelles séchées.

260 produisaient des flocons, la quantité de flocons produits dépassait 680.000 quintaux, les pommes de terre traitées représentaient 417.000 tonnes, soit le centième de la production allemande et le vingtième de la production française.

Il est certain que la guerre a augmenté dans de très grandes proportions l'industrie du séchage des matières agricoles en Allemagne d'après les renseignements oraux qui nous sont parvenus — Malheureusement il est très difficile de se procurer maintenant des statistiques certaines concernant la production allemande.

Toutefois les chiffres que nous venons de donner prouvent la notable importance prise par les sécheries de pommes de terre allemandes depuis vingt ans.

Pour quelles raisons la sécherie agricole des pommes de terre ne s'est-elle pas répandue en France — La principale cause réside dans notre faible production, nous produisons en France environ le quart de la récolte allemande — De plus, le prix du charbon est trop élevé, pour que nous puissions, dans la plupart des régions françaises éloignées des mines, adopter les appareils allemands.

Nous n'en avons, d'ailleurs, nul besoin. Nous possédons en France des séchoirs très perfectionnés et qui donnent satisfaction à ceux qui les emploient. Le marc de pomme, produit de faible valeur, est économiquement desséché à l'aide d'appareils français, il pourrait à plus forte raison en être de même des pommes de terre.

Séchoirs français. — Nous avons vu fonctionner à Lisieux chez MM. Saffrey, un séchoir construit par M. Vernon et qui sèche près de 40 tonnes de marc par 24 heures, son foyer spécial consomme des fines de coke. D'après Saffrey le prix de revient de 100 kg de marc séché ne dépasse pas 3 fr. 50, y compris la force motrice et la main d'œuvre. Ce séchoir leur donne toute satisfaction. le prix de revient indiqué par MM. Saffrey est très bas, ils ne tiennent pas compte de l'amortissement de la machine, parce qu'elle est amortie depuis longtemps et le prix des fines de coke est à Lisieux moitié moins élevé qu'ailleurs. Si nous avons choisi le marc de pommes comme exemple, c'est avec intention, il contient à l'état frais, à peu de chose près, la même quantité d'eau que les pommes de terre, par conséquent le prix de revient du séchage doit être à peu près le même dans les deux cas.

Le séchoir Vernon est beaucoup plus perfectionné que les trommels allemands. De même que le four rotatif de Büttner, il est composé essentiellement d'un foyer en maçonnerie dans lequel sont produits les gaz chauds employés à la dessiccation, d'un tambour rotatif en tôle muni à l'intérieur de palettes disposées sur la surface concave suivant une ligne hélicoïdale qui se développe d'un bout à l'autre du tambour.

Ce tambour tourne lentement sur des galets, grâce à la disposition inclinée des palettes, la matière divisée introduite au même point que les gaz chauds provenant du foyer et dont la température a été réglée par une admission plus ou moins considérable d'air frais, se trouve ainsi continuellement pelletée de haut en bas et mise régulièrement en contact avec les gaz chauds. Les gaz usés sont aspirés par un ventilateur qui les expulse dans une cheminée, la matière séchée tombe dans une trémie où elle est reprise par une chaîne à godets qui la monte dans un grenier.

Les gaz et les produits à sécher cheminent ainsi parallèlement.

Ce procédé de séchage a été qualifié d'antiméthodique, parce qu'il met d'abord en contact les matières fraîches et humides avec les gaz les plus secs et les plus chauds. L'air s'humidifie ainsi davantage à mesure que les produits se dessèchent et ne peut être expulsé qu'à une température relativement élevée pour éviter des condensations sur la matière séchée ; il en résulte une perte de calories qui diminue le rendement de l'appareil.

Cet inconvénient augmente dans les petits modèles, de sorte que le séchoir Vernon est surtout indiqué pour les grands débits.

C'est une machine destinée à l'industrie, elle ne répond pas suffisamment aux besoins de la moyenne culture dont la production est trop disséminée pour permettre de charrier économiquement les produits frais jusqu'à une sécherie fixe.

On a bien essayé en Allemagne de rendre les fours portatifs ; Büttner a même vendu des appareils dont on trouvera la photographie dans les ouvrages spéciaux, mais eur rendement défectueux était en rapport avec leur faible encombrement ; ils on été complètement abandonnés.

Pour les pommes de terre, les séchoirs à cheminement parallèle des gaz et des cossettes offrent un inconvénient supplémentaire. Si l'on veut obtenir une bonne utilisation des calories, il est indispensable que les gaz pénètrent dans le four à une température très élevée, au moins 300 à 350°, dans les fours allemands la température initiale atteint jusqu'à 500°. Il est évident que la matière humide au contact de gaz aussi chauds ne peut pas brûler tant qu'elle contient de l'eau ; mais il se produit dans les cossettes une modification de la fécule. A partir de 140°, cette dernière se transforme en dextrine, corps inutilisable pour l'alimentation humaine ; les parties, trop saisies par la chaleur, des pommes de terre séchées par ce procédé deviennent parfois difficiles à broyer, c'est tout au plus s'il est possible de les utiliser dans les distilleries.

On peut dire que, jusqu'à présent, il n'existe pas d'appareil de séchage construit spécialement pour les usages agricoles, en dehors des petites étuves destinées à la dessiccation des fruits et des graines de semences.

Dessiccation de la pomme de terre à la ferme. — Depuis deux ans, nous étudions à la Société d'Étude du Carburant National la réalisation d'un type de séchoir portatif capable de sécher économiquement, sans les détériorer, la plupart des denrées agricoles destinées à l'alimentation des hommes et des animaux tels que betteraves, pommes de terre, terre, châtaignes, grains humides, fruits menacés de pourriture, champignons, etc...

Sur les conseils de M. E. Barbet qui dirige ces études, le principe antiméthodique ou à circulation parallèle des matières à sécher et des gaz chauds a été entièrement abandonné.

M. Barbet a adopté le procédé de circulation méthodique, c'est-à-dire que les gaz secs et chauds sont d'abord mis en contact avec la matière presqu'entièrement privée d'eau et c'est au contact de la matière fraîche que les gaz à peu près saturés sont expulsés dans l'atmosphère.

L'air chaud est introduit dans l'appareil à une température relativement basse, environ 120°. A cette température la fécule n'est pas décomposée, et comme les cossettes sont déjà desséchées, c'est à peine si les grains de fécule sont légèrement empesés. L'air sort de l'appareil à 40° ; la chaleur est ainsi parfaitement utilisée. En un mot, on réalise par ce système, grâce à un excès d'air, le même résultat que dans les tambours antiméthodiques à l'aide d'un excès de chaleur.

C'est le principe de la tourelle adapté à la sécherie continue.

Les basses températures ont permis d'employer le bois au lieu du métal pour constituer les parois extérieures du séchoir qui, monté sur roues, prend un peu l'aspect d'une batteuse mécanique.

L'intérieur du bâti est occupé par une série de plateaux secoueurs disposés parallèlement et qui font progresser la matière tantôt dans un sens, tantôt dans l'autre de haut en bas du séchoir, les plateaux secoueurs travaillent exactement comme les grilles des trieurs à pommes de terre.

L'air sec et chaud entre par le bas, vient lécher les cossettes parvenues sur le plateau inférieur et monte grâce à des chicanes en se chargeant de plus en plus d'humidité, un ventilateur aspirant l'expulse finalement en créant une légère dépression dans l'appareil.

Les cossettes fraîches sont envoyées dans une trémie distributrice située au-dessus du séchoir, elles sont reçues dans un ensacheur placé à la hauteur du sol.

La force motrice nécessaire est minime, une dizaine de chevaux au plus, elle est fournie par un petit moteur muni d'un gazogène à charbon de bois dont les produits de la combustion coopèrent au séchage.

M. Barbet est parvenu à réunir dans cet appareil la légèreté, la simplicité de mécanisme, la facilité de réglage et de conduite. En effet, n'importe quel ouvrier peut le conduire, puisque la température des gaz chauds admis dans le séchoir est réglée par un thermostat.

Seul le foyer est entièrement métallique. Indépendant du séchoir, il ne peut constituer pour ce dernier un danger d'incendie. Seule une buse de raccordement à la hauteur du thermostat les réunit.

Tout, dans la nouvelle invention de M. Barbet a été prévu pour arriver à sécher les denrées les plus délicates et surtout les pommes de terre et les châtaignes. Pour ces dernières la température de l'arrivée de l'air peut être réglée aux environs de 80°.

Le combustible employé est le grésillon de coke ou le charbon de bois, on évite ainsi les odeurs de fumée — le séchoir a été calculé pour sécher une tonne de produit frais à l'heure.

Nous ferons d'ici quelques semaines des démonstrations pratiques de ce nouveau séchoir entièrement français dans sa conception et conçu pour l'usage des agriculteurs français.

Nous allons pour terminer montrer quelques-uns des avantages de cette sécherie foraine qui va mettre à la disposition des plus petits cultivateurs un mode de conservation réservé jusqu'à présent à la grande culture et à l'industrie.

Prenons comme exemple le cas d'une récolte de pommes de terre très abondante, mais qui malheureusement a été frappée par la maladie.

La féculerie est éloignée de la ferme, de plus elle profite de l'abondance de la récolte pour baisser ses prix d'achat et le coût du transport va contraindre le cultivateur à jeter une partie de ses pommes de terre menacées de pourriture.

Le séchoir passe, tous les tubercules qui ne peuvent être conservés à l'état frais sont immédiatement apportés, on les débite, on les sèche. Le séchoir est devenu non pas seulement un merveilleux outil de conservation, mais un appareil de sauvetage.

Autre cas à envisager. La récolte a été abondante, elle est saine, mais les prix ont une telle tendance à la baisse qu'ils ne laissent plus une marge suffisante de bénéfices. Tout ce que le cultivateur prévoit ne pouvoir faire consommer chez lui sera séché et l'année suivante les cossettes sèches de pommes de terre pourront servir à combler les vides d'une récolte déficitaire. Quel service n'aurait-on pas rendu à la culture, si on avait pu en 1922 lui rendre l'excédent de la récolte de 1921.

Troisième cas. Nous voilà arrivés au printemps, l'hiver a été doux et humide, les pommes de terre ont germé, tous ceux qui avaient stocké des tubercules cherchent à les vendre. Les prix baissent à mesure que les pommes de terre nouvelles arrivent sur les marchés. La fin de la provision ne sera pas vendue à vil prix, car le séchoir est là qui peut arrêter la pousse et rendre conservable ce qui allait être perdu.

Le séchoir n'aura d'ailleurs pas servi uniquement pour les pommes de terre, toutes les autres denrées inconservables lui devront également une existence prolongée.

A quel prix doit-on évaluer les frais de séchage d'un quintal de tubercules ? Cette évaluation dépend à la fois du prix du combustible, du prix de la main-d'œuvre et du nombre de journées pendant lesquelles travaillera le séchoir, afin de pouvoir calculer l'amortissement.

Quant à la quantité de charbon nécessaire, elle est plus faible pour les pommes de terre que pour les autres racines — Les pommes de terre contiennent 25 % de matière sèche. De plus, tandis que les betteraves séchées moisissent quand elles contiennent plus de 12 % d'eau, les pommes de terre séchées se conservent très bien à 17 % d'humidité, c'est d'ailleurs la teneur en eau de la fécule commerciale — Une tonne de pommes de terre, séchées avec leur peau, donnent donc 300 kilogr. de cossettes sèches.

Par comparaison avec les chiffres que la pratique a vérifiés pour les betteraves et le marc de pomme, on peut affirmer que les frais de dessiccation des cossettes de pommes de terre ne dépasseraient pas même avec un combustible coûteux 10 à 12 francs les 100 kg. de cossettes séchées, c'est-à-dire le cinquième environ de la valeur du produit, qui équivaut au moins à la farine d'orge, au riz ou au manioc pour l'alimentation de porcs.

Rien ne s'oppose plus au développement de la sécherie en France, puisqu'il est possible maintenant d'en faire profiter la petite et la moyenne culture, grâce à ce nouvel appareil forain, qui de même que la batteuse, peut se mettre au service des exploitations de toute importance.

Dans tous les centres de grande production, quand l'approvisionnement d'une petite usine peut être assuré dans un faible rayon, le séchoir fixe à tambours sécheurs, de construction française, pourra rendre les plus grands services.

Nous souhaitons que des coopératives de sécheries s'organisent, il en résultera pour l'Agriculture une économie considérable des produits alimentaires qui, rendus impérissables, permettront de combler le déficit des années de disette par le superflu des années d'abondance.

Vœu. — *Le Congrès prend acte de l'intéressant rapport de M. Le Monnier sur les sècheries de pommes de terre, émet le vœu que cette industrie agricole s'organise en France sous la forme coopérative ou industrielle en vue de satisfaire les besoins de l'alimentation indigène et de nos colonies et de notre commerce d'exportation.*

Adopté.

UTILISATION DE LA POMME DE TERRE EN FÉCULERIE

Par MM. **LINDET**, *Membre de l'Institut*
et **NOTTIN**, *Préparateur*
au *laboratoire de Technologie à l'Institut National Agronomique.*

La valeur alimentaire de la pomme de terre résulte presque exclusivement de la présence de la fécule dans ses tissus. C'est également la fécule qui donne un intérêt industriel à la pomme de terre.

La fécule, lorsqu'elle est isolée à l'état de pureté, est utilisée par un grand nombre d'industries : les industries textiles pour les apprêts et l'empesage, la chapellerie de paille et de feutre, la corderie, la papeterie, l'encollage des toiles de pneumatiques, la glucoserie, la confiserie, la biscuiterie et la pâtisserie, la fabrication du caramel et des colorants pour boisson, la préparation des colles, celle des plaques photographiques en couleur, la savonnerie, etc..., etc...

L'extraction de la fécule et sa purification sont réalisées par une industrie appelée féculerie.

Importance de la féculerie en France. — Il est impossible de préciser d'une façon rigoureuse la production de fécule en France, car il n'existe aucune statistique officielle.

Néanmoins on peut admettre qu'il existe environ 190 féculeries réparties sur le territoire en trois groupes. La région de Paris et surtout celle du centre sont caractérisées par l'importance des usines ; chacune de ces régions travaille par an 100.000 tonnes de tubercules, dans 21 féculeries pour la région parisienne et dans 13 féculeries pour le centre. La région de l'Est comprend au contraire un très grand nombre de féculeries, environ 155 qui peuvent traiter par an, 170.000 tonnes de pommes de terre.

En résumé, la France peut travailler au *maximum*, 370.000 tonnes de tubercules et produire par an, au *maximum* 650 à 700 quintaux de fécule.

La fécule de pomme de terre est concurrencée d'une part par la fécule de manioc, dont une partie provient de Madagascar, de la Réunion et des Iles voisines, et d'autre part, par l'amidon de maïs, soit fabriqué en France avec des graines importées, soit expédié après fabrication par les Etats-Unis. L'amidon de riz est un produit de choix, beaucoup plus coûteux que les autres matières amylacées ; l'amidon de blé est fabriqué en quantités infimes, comme résidus de la préparation de gluten.

Lorsque la récolte de pommes de terre est déficitaire, elle va presqu'entièrement à l'alimentation humaine. La féculerie ne peut, en effet, proportionner ses prix de vente aux prix d'achat des tubercules, à cause de la concurrence des autres fécules et amidons. Dans les années d'abondance, les cours de la fécule de pomme de terre baissent. Il y a là une situation économique importante à retenir, car elle empêche de payer cher les pommes de terre.

Est-ce pour ces raisons, que, dans une région, grande productrice de pommes de terre comme le Limousin, il n'y a pas de féculerie. En effet, d'après les renseignements de la Chambre Syndicale de féculerie, les féculeries les plus rapprochées seraient à Moutiers-Malcard (Creuse) et à Pierrefitte-sur-Sauldre (Loir-et-Cher). Plus loin se trouvent 3 féculeries dans le Loiret, 1 féculerie dans l'Allier et 3 féculeries dans le Puy-de-Dôme.

Principes de la fabrication de la fécule. — Pour permettre de discuter l'opportunité de la création dans votre région d'une industrie susceptible d'absorber les excédents de récolte, nous vous rappellerons succinctement le principe de la féculerie.

La fécule se trouve dans le tubercule sous forme de grains de dimensions très variables, inclus dans l'intérieur des cellules. La matière qui constitue ces grains est insoluble dans l'eau. Il faudra donc avec une rape déchirer les enveloppes cellulaires pour libérer la fécule. La rapure sera lavée sur un tamis à mailles fines qui laissera passer une eau impure chargée de fécule et retiendra une pulpe constituée par les débris cellulosiques, des matières azotées et des cellules laissées intactes par la rape. Aussi cette pulpe est-elle rapée et tamisée à nouveau.

L'eau qui s'écoule des tamis contient en suspension outre les grains de fécule, des matières azotées et des débris cellulosiques très fins. On arrivera à séparer la fécule des impuretés solubles ou insolubles par une série de décantations et par des tamisages sur toile fine. Les lavages exigent une grande quantité d'eau ; suivant les usines, on emploie 8 à 20 fois le poids des tubercules.

Ainsi une féculerie qui travaille 50.000 kg. de pommes de terre par jour, aura besoin de 400 à 1.000 mètres cubes d'eau par jour. Cette eau doit être très pure, tant au point de vue chimique qu'au point de vue bactériologique.

L'eau résiduaire correspond au volume d'eau employée. Après nouvelle décantation de la fécule entraînée, elle peut servir à l'irrigation ; elle contient, en effet, des principes fertilisants intéressants, particulièrement toute la potasse de la pomme de terre.

Voici à titre d'indication, la composition par litre d'une eau résiduaire de féculerie :

Matières azotées	. . . . .	0gr,225 (azote : 0gr,196)
Acide phosphorique	. . . .	0 020
Chaux.	. . . . . .	0 076
Potasse	. . . . . .	0 146

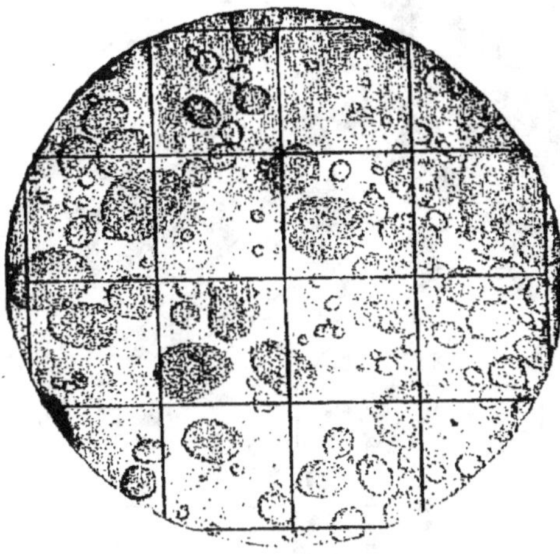

Fig. 37. — Fécule de la pomme de terre.
(Côté des carrés = 100 µ)

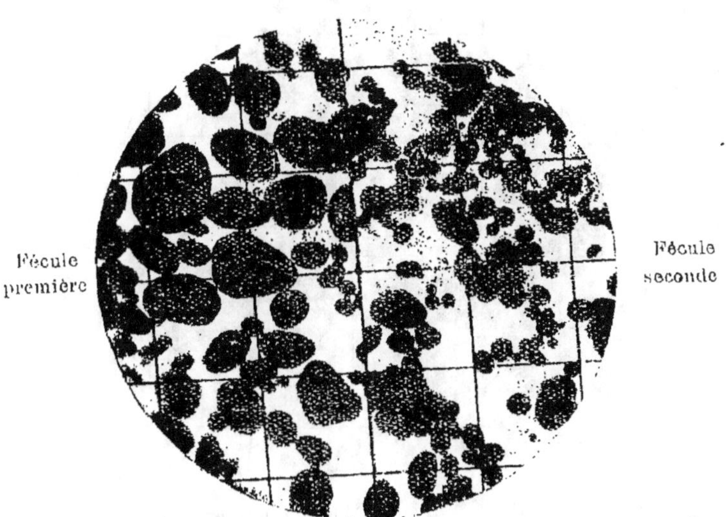

Fig. 38. — Qualités des fécules.

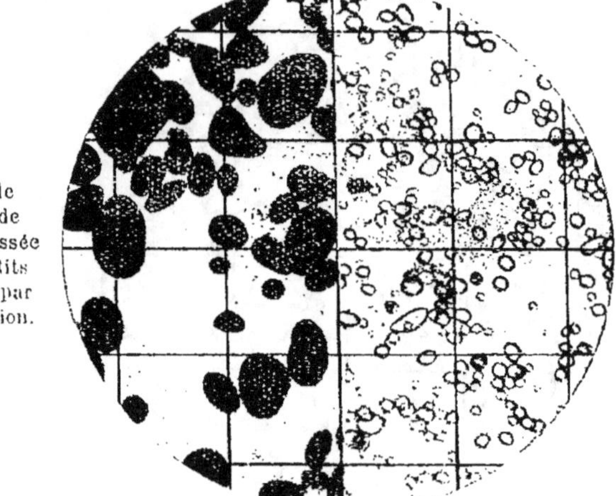

Fig. 39.

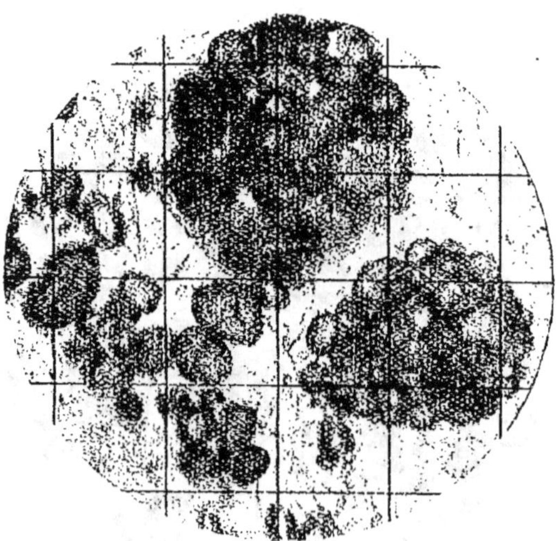

Clichés *Annales agronomiques.*

Fig. 40. — Drêche de Féculerie.

Comme la féculerie fonctionne en automne et au début de l'hiver à une époque froide et humide, l'irrigation exige de grandes surfaces.

On peut aussi faire circuler lentement l'eau résiduaire dans une série de bassins, où elle subit une fermentation acide en faveur de laquelle une partie des impuretés organiques se dépose, l'eau peut alors être envoyée dans un cours d'eau, sans trop le polluer.

Revenons à la fécule purifiée par les décantations successives. C'est un produit chargé d'eau qu'on éliminera d'abord par un moyen mécanique (turbine, ou hydro-aspirateur), puis par dessiccation à l'air chaud. Le produit commercial ainsi obtenu renferme 20 % d'humidité.

Nous ferons observer que la fécule blanche dite « fécule première » ayant été obtenue par des décantations répétées, une grande partie des petits grains et quelques gros grains ne sont pas déposés et ont été évacués avec les eaux résiduaires. En général, plus la fécule première est belle, plus la perte est grande. Cette fécule entraînée sera récupérée dans les boues que l'eau résiduaire abandonne ; mais le travail de ces boues, souvent fermentées ne donnera que des produits inférieurs, généralement colorés et odorants, désignés sous le nom de « fécule seconde ». Les fécules secondes sont vendues avec une forte dépréciation par rapport aux « fécules premières » certaines usines produisent un sac de « fécule seconde » contre deux sacs de « fécule première » ; mais cette proportion est exagérée ; quelques usines, par un travail plus moderne, arrivent à supprimer presque complètement la production des fécules secondes.

La féculerie fournit un résidu intéressant pour les cultivateurs ; c'est la pulpe qui reste sur les tamis d'extraction.

On en enlève l'excès d'eau, par un pressurage qui laisse encore une humidité de 50 % ; la drèche pressée constitue une matière alimentaire pour le bétail, mais elle est très altérable. La dessiccation de la drèche permet sa conservation ; elle représente alors 3 à 4 % du poids des tubercules primitifs.

Voici la composition moyenne de ces produits que l'on rapprochera de celle de la pomme de terre :

	Pommes de terre	Drèche pressée	Drèche sèche
Rendement % de tubercules.		6 à 8 %	3 à 4 %
Eau	74 à 82	50,2	11,3
Fécule	12 à 20	24.4	43,2
Cellulose	1,5	11,9	24,4
Matières azotées.	1,5	4,6	3,1
Matières organiques	1,5	10,5	18,7
Matières minérales.	1,5	1,4	2,3
	100,0	100,0	100,0

Dans l'Est, et en Hollande, les drèches sont ensilées et après fermentation, on en extrait toute la fécule ; il ne reste alors aucun aliment pour le bétail.

Choix de la pomme de terre industrielle. — Connaissant le principe des opérations de la féculerie, nous pouvons discuter quelles variétés de pommes de terre conviennent le mieux à cette industrie.

Ce sont d'abord les pommes de terre riches en fécule, car pour 100 kg. de tubercules travaillés, il reste toujours 1 kg. 5 de fécule dans la drèche, quelle que soit la richesse initiale du tubercule. Si l'on rape une pomme de terre à 20 % de fécule, on peut donc extraire dans les eaux féculentes, 18 kg. 5 de fécule pour 100 kg. de tubercules ; si la pomme de terre a une teneur de 15 %, on n'extrait que 13 kg. 5 avec les mêmes frais de rapage et de tamisage.

On doit en outre rechercher les pommes de terre dont la fécule se présente à l'état de grains les plus gros. Les décantations, avons-nous dit, occasionnent la perte des petits grains ; de plus, la purification se fait d'autant mieux que les grains sont plus gros. Malheureusement il semble que les sélectionneurs ne se soient pas jusqu'ici préoccupés de la grosseur des grains de fécule. Les conditions culturales ou climatologiques peuvent d'ailleurs faire varier les qualités d'une même variété, comme le montre le tableau suivant :

ESPÈCES	ORIGINE	Fécule 0/0	Poids du million de grains.
Rouge du Soissonnais ou Wohltmann	Pologne.	20,7	31 mgr.
	Haute-Savoie.	23,4	30 —
	Haute-Savoie.	21,2	10 —
Industrie	Seine-et-Oise.	—	30 —
	Ille-et-Vilaine.	13.4	17 —
	Seine-et-Oise.	17,4	15 —
Saucisse	Seine-et-Oise.	19,7	14 —
	Seine-et-Marne.	16.8	6 —

Il convient donc de travailler en féculerie des pommes de terre spéciales ; néanmoins les conditions du marché conduisent parfois les fabricants à utiliser n'importe quelle variété et parfois des petits tubercules ou des tubercules gâtés que l'alimentation refuse.

Le rendement est alors moins bon, mais l'économie réalisée par l'achat d'une matière à vil prix occasionne le bénéfice.

Questions financières. — Les féculeries utilisent un matériel plus ou moins perfectionné suivant l'abondance ou la rareté de la main-d'œuvre ; des circonstances locales permettent l'emploi de la force hydraulique ou obligent à forer un puits. Le prix d'une installation est donc très variable et les chiffres suivants ne sont que des indications très vagues.

Il faut prévoir une somme de un million et demi pour la construction des bâtiments et l'aménagement d'une usine rapant 50.000 kg. par jour (10 heures de travail) le fonds de roulement est de l'ordre de 250.000 fr. ; une telle usine peut en année moyenne rapporter 450.000 fr. en comptant la pomme de terre 18°/₀ au prix de 20 fr. les 100 kg.

Fig. 41. — Vue d'une féculerie coopérative en Hollande

Une usine plus petite, travaillant 10.000 kg. par jour exigerait une immobilisation de 600.000 fr. et un fonds de roulement de 100.000 fr. Le bénéfice annuel moyen peut représenter 40.000 fr.

Ces chiffres qui n'ont qu'une valeur relative montrent qu'il est beaucoup plus intéressant d'installer une féculerie du type 50.000 kg. que de construire une petite usine.

Une féculerie coopérative agricole pourrait obtenir de l'Etat des crédits à longs termes.

Conclusions. — Lorsque les organisateurs de ce Congrès nous ont fait l'honneur de nous demander cette communication, il était trop tard pour étudier par nous-mêmes l'opportunité de l'industrie de la fécule dans le Limousin. Nous ne saurions donc vous donner un conseil. Mais les renseignements techniques et économiques que nous vous avons donnés pourront servir de base à vos discussions.

M. le Président donne lecture d'une lettre de M. Jouslain, Président de la Chambre Syndicale de l'Industrie et du Commerce de la Fécule en France qui s'excuse de n'avoir pu assister à cet intéressant Congrès.

M. Jouslain présente au nom de cette Chambre Syndicale les trois vœux suivants :

PREMIER VŒU. — *Qu'un Congrès annuel de la pomme de terre soit organisé, comme suite à l'heureuse initiative de cette année et que les féculiers et autres intéressés à la question y soient convoqués.*

DEUXIÈME VŒU. — *Qu'un tarif spécial réduit et qu'un acheminement accéléré pour les tubercules triés et calibrés, expédiés comme plants de pommes de terre soient consentis par les Chemins de fer ; un transport trop long augmentant les risques de gelée ou d'échauffement de ces tubercules (suivant l'époque de l'expédition) ce qui nuit incontestablement à la germination.*

TROISIÈME VŒU. — *Que les pommes de terre destinées aux féculeries bénéficient des mêmes avantages, accordés actuellement aux betteraves expédiées aux sucreries et distilleries.*

(Adopté)

L'ALCOOL DE POMME DE TERRE

Par M. PIQUE,
Secrétaire technique du Syndical des Fabricants d'alcool.

Historique. — C'est Jean Backer qui, en 1682, écrivit le premier ouvrage dans lequel il est dit que la pomme de terre, appelée à l'époque « Patate d'Amérique », pouvait donner du pain, du vin et de l'eau-de-vie.

Cependant, ce n'est qu'en 1750, soit 70 ans plus tard, que David Morllinger monta à Monsheim la première distillerie de pomme de terre.

Depuis cette époque, ce tubercule est devenu la matière première de presque toutes les distilleries agricoles d'Allemagne et de Russie.

Jamais en France la pomme de terre n'a été transformée en alcool. Cependant il se pourrait que, par suite de crise betteravière ou énonomique comme certaines personnes politiques l'insinuent, la pomme de terre devienne elle aussi, une des matières premières de nos distilleries ; c'est pourquoi nous pensons devoir résumer le travail tel qu'il est pratiqué en Allemagne.

La pomme de terre (Solanum Tuberosum) est une plante originaire de l'Amérique qui fut introduite en Europe vers 1534 comme plante d'ornementation et ne rentra dans la série alimentaire que grâce aux efforts de Parmentier vers la fin du XVIIe siècle.

On distingue de nombreuses variétés que l'on classe en : Industrielles, fourragères et potagères présentant entre elles des différences assez sensibles tant au point de vue composition que rendement à l'hectare.

En général, dans les pays du Nord de l'Europe, la pomme de terre est la base de l'alimentation comme le pain l'est en France, c'est pourquoi dans tous ces pays, on s'est occupé spécialement de la sélection de diverses variétés donnant le plus de fécule, le plus de poids à l'hectare, tout en présentant des résistances plus ou moins fortes aux maladies.

Aimé Girard en France a étudié 42 variétés qu'il a classées en trois catégories :

PREMIÈRE CATÉGORIE : Pommes de terre donnant plus de 25.000 kg. à l'hectare avec une teneur en fécule variant de 18,68 à 13,80 %.

DEUXIÈME CATÉGORIE : Pommes de terre donnant moins de 25.000 kg. à l'hectare avec une teneur en fécule variant de 16,70 à 14,48 %.

Troisième catégorie : Pommes de terre donnant moins de 20.000 kg. à l'hectare avec une teneur en fécule variant de 21,70 à 14,10 %.

D'après Lintner, la composition moyenne d'une pomme de terre de bonne qualité doit être la suivante :

Eau . . . . 76 %
Fécule 18,7
Matières azotées 2,1
Matières grasses 0,2
Matières extractives non azotées 1
Cellulose 0,8
Cendres 1,2

La pomme de terre est la base de la fécule ; or, comme dans les procédés employés, on n'obtient pas toute la fécule des tubercules, avec les sous-produits qui renferment 80 % d'eau et 20 % de matières sèches contenant encore 12 % de fécule, on peut en extraire de l'alcool.

TECHNOLOGIE

Lavage des pommes de terre. — Suivant l'espèce, la terre d'où elles proviennent, et surtout l'état atmosphérique au moment de la récolte, la pomme de terre retient plus ou moins de terre qu'il faut enlever avant de la travailler.

Le lavage se fait identiquement comme celui de la betterave. Les laveurs, par des dispositifs intérieurs, sont appropriés aux tubercules à traiter, aussi nous ne nous arrêterons pas plus longtemps sur cette partie du travail qui est connue. Au sortir du lavoir, les pommes de terre, au moyen d'un élévateur d'un type quelconque, sont envoyées à la cuisson.

Cuisson des pommes de terre. — Ancien procédé. — Cette cuisson peut se faire à l'air libre ou sous pression.

Dans beaucoup de distilleries agricoles allemandes ou russes, la cuisson se fait à l'air libre par la vapeur d'eau.

Le matériel consiste en une grande cuve en bois dur munie d'un couvercle. A quelques centimètres du fond, on place un faux-fond métallique et à la même hauteur se trouve, pour la vidange des pommes de terre, une porte latérale identique à celle de nos macérateurs de betteraves. Quelquefois, entre le faux-fond et le fond du cuiseur, on place l'injecteur de vapeur ; dans d'autres usines, on trouve l'injecteur placé dans un récipient d'eau formant le fond de l'appareil ; quelquefois aussi, l'injecteur arrive au milieu de la cuve.

La contenance de ces cuiseurs varie peu ; elle oscille entre 24 et 36 hectolitres par exemple, pour cuire 120 hectolitres de tubercules, on prend 2 cuiseurs de 30 hectolitres qui fonctionnent 2 fois par jour.

Les pommes de terre sont constituées par un amas de cellules remplies d'un liquide albumineux dans lequel sont incorporés les grains de fécule. Ces grains, sous l'action de la chaleur, éclatent et absorbent le liquide contenu dans les cellules qui sont à peu près détruites et forment une masse assez ferme qui, bien des fois, garde la forme du tubercule ; la matière albuminoïde en se coagulant absorbe l'eau. Donc, en résumé, la pomme de terre cuite est formée de cellules détruites renfermant des grains de fécule disloqués gonflés d'albumine coagulée.

La consistance de la pomme de terre cuite dépend de sa teneur en fécule et en eau. Si la proportion de fécule est plus grande que la teneur en eau, cette eau sera absorbée complètement, la pomme de terre paraîtra sèche et par suite très farineuse ; si, par contre, l'eau prédomine la fécule, il en restera un excès qui rendra le tubercule aqueux et pâteux. Quant au poids de la pomme de terre, il est à peine modifié par la cuisson.

Saccharification. — Au-dessous de la porte des cuiseurs à pommes de terre se trouve le broyeur qui est composé de cylindres métalliques creux, lisses ou cannelés de 50 à 60 centimètres de longueur actionnés soit à la main, soit par transmission.

La pomme de terre cuite, en passant entre ces 2 cylindres, forme une pâte qui tombe dans la cuve-matière.

Les cuves-matières sont de 2 sortes : simples ou à agitateurs mécaniques.

Dans les simples, ce sont les ouvriers qui brassent la masse ; tandis que dans les autres, le brassage est fait au moyen de dispositifs mis en mouvement par des transmissions.

La quantité de malt ne varie guère, qu'il soit sec ou vert ; on en emploie de 4 à 5 kg. par 100 kg. de tubercules mis en œuvre.

La saccharification ou macération se fait de deux manières :

Première méthode : Un peu avant la fin de la cuisson des pommes de terre, on prépare le lait de malt. Par 100 kg. de tubercules, on verse dans la cuve-matière 18 litres d'eau à une température variant entre 19 et 25 degrés au maximum. On ajoute en une seule fois tout le malt concassé ou broyé et on brasse énergiquement.

On broye alors les pommes de terre et la pâte tombe dans le lait de malt toujours en mouvement ; lorsque toute la masse est dans la cuve-matière, la température du milieu doit être entre 63 et 65 degrés qu'il ne faut pas dépasser. On continue à brasser, puis on ferme le couvercle de la cuve-matière et on attend la fin de la saccharification.

Deuxième méthode : Cette méthode est de beaucoup plus scientifique que la première, car elle liquéfie d'abord la fécule avant de la saccharifier.

La moitié du malt est diluée avec la moitié de l'eau nécessaire, soit environ 9 litres par 100 kg. de matières premières entrés en cuisson ; on fait arriver petit à petit la pomme de terre broyée et, quand la masse est bien mélangée, on ajoute la seconde portion de lait de malt qui est préparée avec de l'eau à une température identique à celle que l'on observe dans la cuve-matière. La température finale, comme dans le cas précédent, ne doit pas dépasser 65 degrés.

Nouveau procédé. — Le nouveau procédé consiste à cuire la pomme de terre sous pression et ensuite la saccharification est faite soit dans le même appareil, soit dans une cuve-matière ordinaire adjointe au cuiseur.

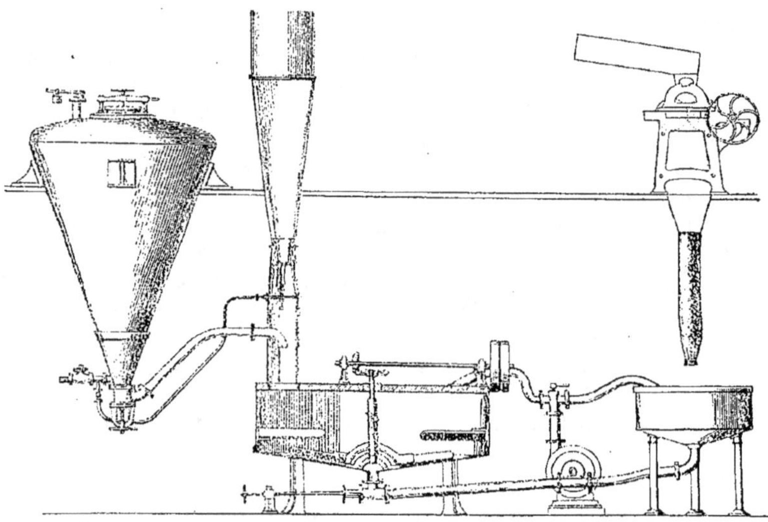

Fig. 42. — Appareil pour la fabrication de l'alcool de pomme de terre.

La cuisson sous pression a sur les fécules une action physique et une action chimique.

Un chauffage de 3 heures à 2 atmosphères 1/2, soit environ 125 degrés, suffit déjà pour liquéfier complètement un empois formé de une partie de fécule et de deux parties d'eau qui, au moment du refroidissement, ne reprendra plus son caractère primitif sans séparation de fécule dans le liquide clair.

Les matières azotées, elles aussi, subissent une réaction : elles se transforment en amines solubles dans l'eau et les albuminoïdes donnent des matières azotées avec une légère augmentation de poids. La cuisson doit être maintenue pendant un certain temps, peut-être plusieurs heures, pour que la transformation des hydrates de carbone soit à peu près complète. Mais, si l'on dépasse ce point critique, il y a coloration du moût, ce n'est pas la fécule qui est atteinte, ce sont des sucres comme le maltose qui sont détruits, d'où perte en alcool.

C'est pour obvier à ces inconvénients que l'on a proposé d'ajouter des traces d'acide minéral pour activer la réaction tout en diminuant la durée de la cuisson.

Conduite de la cuisson sous-pression pour la pomme de terre. — Le cuiseur, qu'il soit conique ou cylindro-conique, doit avoir une capacité variant entre 150-160 litres par 100 kg. de pommes de terre mis en œuvre.

Une fois les tubercules dans le cuiseur, on ouvre un robinet de vidange placé en bas de l'appareil, d'où sortira l'eau de condensation ; on ouvre le robinet de vapeur et le robinet d'air placé sur le sommet de l'appareil.

La vapeur se condense sur les pommes de terre et, dès que l'eau de condensation coule par le robinet de purge et que la vapeur sort sèche par le robinet du haut, on le ferme. L'échauffement de la masse se fait par le haut de l'appareil et, lorsque la pression atteint 3 kg. et que la partie conique de l'appareil est à la même température qu'à la partie supérieure, on procède à la vidange.

Le chauffage de la masse dure de 15 à 20 minutes ; il faut ensuite 45 minutes pour monter à 3 atmosphères, ce qui fait que la durée de l'opération varie entre 1 heure 10 à 1 heure 15 minutes.

L'eau de condensation est employée pour la préparation du lait de malt dans la cuve-matière.

La quantité de malt employée est la même que celle déjà étudiée dans l'ancien procédé, donc, nous n'y reviendrons pas.

Cuisson et saccharification dans le même appareil. — Quelques auteurs, comme Hollefreund et Bohm, cuisent la pomme de terre sous pression dans un appareil spécial dans lequel est placé un mécanisme de malaxage et de brassage qui facilite et l'action de la vapeur et l'action du lait de malt.

Ces procédés peuvent se résumer comme suit :

1°. Cuisson des tubercules sous pression.
2°. Broyage sous pression de la masse.
3°. Réfrigération de la masse dans l'appareil.
4°. Aspiration du lait de malt.
5°. Saccharification.

Nous n'entrerons pas dans l'étude de ces phases de préparation du moût, car elles ne sont que des agencements mécaniques à des appareils déterminés pour des réactions déjà décrites et connues sur lesquelles il est inutile de revenir.

Après la saccharification, le moût est refroidi et envoyé à la fermentation.

En général, la capacité de la cuverie est calculée en se basant sur le poids de fécule sous forme de pommes de terre entré dans un hectolitre de moût. On compte que 16 kg. 750 ou au maximum 18 kg. 760 de fécule entrent dans l'hectolitre de moût, ce qui donne comme poids de pommes de terre :

Quantité de pommes de terre par hectolitre avec un moût à 24 degrés saccharimétrique :

Teneur en fécule des pommes de terre :	Sans Décortiqueur	Avec Décortiqueur
16	104 kg,70	112 kg,100
18	93 10	99 60
20	83 80	89 60
22	76 20	81 50
24	69 80	74 70

Fermentation. — En Allemagne, l'impôt demandé aux distillateurs est fonction de la capacité de la cuverie ; dans ces conditions, il faut obtenir le plus d'alcool possible avec le moins de volume de cuverie.

Avec les pommes de terre, le moût est très épais, et par suite le dégagement d'acide carbonique devient très difficile et comme la saturation de ce gaz est nuisible à la fermentation, on met le liquide en mouvement, grâce aux réfrigérants mobiles que l'on place dans les cuves.

La fermentation et la distillation se conduisent comme dans les autres usines travaillant par les mucors, nous n'y reviendrons pas.

Le rendement est d'environ 29 hectolitres 40 d'alcool compté à 100 degrés par hectare cultivé.

Dans le rendement en alcool produit par la pomme de terre, on doit tenir compte de l'alcool donné par le malt qui a servi à saccharifier la fécule soit environ 1 litre 100 par 100 kg. de tubercules ; aussi, nous croyons bien faire en signalant que M. Aimé Girard, le 24 novembre 1890, a fait un compte rendu à l'Académie des Sciences sur les résultats obtenus dans une distillerie appartenant à MM. Maquet et Michon, où on a travaillé sous son contrôle. Les résultats sont les suivants :

L'alcool dû à la pomme de terre seule, renfermant 16 °/₀ de fécule a été, pour 100 kg. de tubercules, de 11 litres 216 en alcool à 100 degrés Tandis que 100 kg. de pommes de terre renfermant 20,9 de fécule ont donné 14 litres 330 d'alcool à 100 degrés.

Sous-produits. — Au sortir des appareils à distiller, on obtient d'une part l'alcool et d'autre part un liquide semi-liquide nommé drèche. Cette matière a une valeur alimentaire assez considérable et peut être employée pour nourrir des animaux surtout des porcs.

Le volume de cette drèche est d'environ 1.500 litres par tonne de pommes de terre employée. C'est donc une quantité assez considérable de matières nutritives que peut donner, comme sous-produits, une distillerie de pommes de terre. Cette drèche renferme 51 kg. 30 d'extrait sec par litre dont la composition est la suivante :

```
Matières azotées  . . . . . . . . . . . . .    7ᵍʳ,8
Matières organiques non azotées . . . . . . .  38  8
Matières minérales  . . . . . . . . . . .       4  7
```

Comme on le voit, ces sous-produits sont intéressants pour le fermier distillateur.

Vœu. — *Le Congrès constatant l'importance prise par la pomme de terre pour la production de l'alcool dans certains pays étrangers (Allemagne, Russie) signale cette industrie aux agriculteurs français comme susceptible de prendre dans l'avenir une certaine place dans notre pays, notamment pour la production de l'alcool, base possible d'un carburant national.*

Adopté.

LA POMME DE TERRE RAPEE
DANS L'ALIMENTATION DU BÉTAIL

Par M. BACON,
Directeur des Services Agricoles de la Dordogne.

Les études sur la valeur nutritive de ce tubercule ont été entreprises d'abord par Aimé Girard, en 1893 ; le savant maître expérimenta sur des bœufs et des moutons, avec le plus grand succès. Il y eut, dans tous les cas, une augmentation de poids vif ; mais la pomme de terre à l'état cru s'est toujours montrée inférieure pour l'engraissement.

Vers la même époque, M. Cornevin entreprenait à Lyon une série d'expériences d'alimentation sur des vaches laitières et il en concluait que, pour ces animaux, les pommes de terre crues étaient préférables, la cuisson déterminant l'engraissement et le tarissement. Dans les essais si concluants de M. Egasse, relatés par M. Garola sur l'engraissement des bœufs, les tubercules subissaient la cuisson dans un four ; la masse qui en résultait après écrasement se mélangeait fort bien au foin haché et à l'avoine aplatie qui complétaient la ration.

Enfin nous avons suivi avec le plus vif intérêt la série des essais tentés et des résultats obtenus par MM. Gouin et Andouard, dans l'élevage artificiel des veaux avec le lait écrémé complété par un produit extrait de la pomme de terre : la fécule.

Et nous nous sommes demandé longtemps s'il ne serait pas plus économique et plus avantageux, au lieu de demander à l'industrie spéciale, la fécule nécessaire, de la demander directement à la pomme de terre elle-même, en utilisant le tubercule dans la composition de la ration.

Mais il fallait trouver un procédé qui permit de mettre, à la disposition des animaux, la pomme de terre, dans des conditions telles que la fécule contenue produisit les résultats désirés.

Or, les expériences avaient depuis longtemps démontré que la pomme de terre à l'état cuit, comme à l'état cru, ne donnait pas satisfaction. Il fallait amener la matière du tubercule à un état intermédiaire, présentant la précieuse substance alimentaire à l'état le plus favorable de digestibilité.

Depuis longtemps, dans notre région du Val-de-Loire, quelques agriculteurs, à l'aide d'une simple râpe à main, râpaient les pommes de terre, les réduisaient ainsi en une purée sur laquelle ils précipitaient de l'eau bouillante ; ils en faisaient ainsi des buvées qu'ils distribuaient à leurs vaches laitières.

La triple conséquence, qu'ils observaient toujours, était une augmentation de la quantité du lait, une augmentation de la richesse en beurre de ce lait et une augmentation du poids vif de l'animal. Les quelques voisins, incités à suivre cet exemple, faisaient les mêmes constatations heureuses. Dès que le régime des buvées de pommes de terre cessait, faute de tubercules, les animaux, ainsi que leurs produits, subissaient une diminution pour reprendre dès que les buvées intervenaient dans la ration.

M. Séchet, agriculteur à Saint-Lambert-des-Levées, ayant depuis longtemps reconnu la grande différence obtenue entre l'utilisation de la pomme de terre cuite comme autrefois et l'emploi de ces buvées alimentaires, avait fait part de ses observations en 1904 à M. Hubert constructeur à Saumur. Vivement intéressé par la question, M. Hubert, étudia longtemps le problème en vue de résoudre pratiquement le râpage des pommes de terre à la ferme. Il finit par obtenir satisfaction au triple point de vue du débit, du nettoyage automatique, et de la mise en état particulier du tubercule.

Dans son principe, l'appareil se compose d'un bâti en bois où se meut, par une série d'engrenages, un cylindre en bois de teck extrêmement dur, recouvert d'une plaque d'acier fondu hérissée d'aspérités. Contre le cylindre râpeur frotte inférieurement une brosse en matière végétale assurant le nettoiement du cylindre.

Les tubercules, nettoyés et épierrés, sont placés dans une caisse-trémie et poussés vers le cylindre en mouvement, par un piston ; la pulpe obtenue, détachée par la brosse, tombe dans un baquet placé sous l'appareil. On sait que les anciennes râpeuses utilisées en féculerie recevaient un puissant courant d'eau pour détacher la pulpe adhérente. Dans le cas qui nous occupe, il était indispensable d'opérer à sec, car l'adjonction d'eau ne se fait que lorsque le liquide est porté à l'ébullition, pour obtenir la cuisson instantanée de la pulpe féculente. Cette dernière, au contact de l'eau bouillante, prend l'aspect d'une bouillie allant sans cesse en s'épaississant. C'est la transformation en empois de la fécule dont les grains, brusquement dilatés par la chaleur, éclatent en s'associant, formant un magma, résultant d'un commencement de saccharification de la matière féculente rendue ainsi plus digestible.

Les animaux reçoivent ensuite cette matière diluée dans l'eau froide pour en tiédir l'ensemble, sous forme de buvées appétissantes, qu'ils recherchent avec avidité.

Nous avons pu suivre quelques essais tentés par M. Mercier, fermier à Saint-Lambert, près Saumur. Il réduisait ainsi 20 litres de pommes de terre râpées, en ajoutant la même quantité d'eau bouillante ; puis il complétait à 100 litres par de l'eau froide et distribuait des buvées à ses dix vaches laitières, à raison de 10 litres chacune. Quinze jours après ce régime la quantité totale de lait, produit et vendu en nature à Saumur, passa de 90 litres à 120 litres par jour environ.

De plus, fournissant le collège de la ville et obligé de cesser momentanément la vente directe au moment des vacances des élèves, M. Mercier, en transformant son lait en beurre, constata que la richesse de ce lait s'était notablement accrue. Alors qu'avant ce traitement il lui fallait 22 litres de lait pour faire 1 kilogramme de beurre, il remarqua que, sous le nouveau régime, 17 à 18 litres de lait suffisaient. Pour donner une exactitude plus rigoureuse à ces chiffres qui nous paraissaient exagérés, nous avons prélevé à l'étable, lors de la traite, des échantillons de lait dans le troupeau de M. Mercier et dans un troupeau voisin, chez M. Upon, lequel n'utilisait pas la pomme de terre. Ces échantillons ont été analysés par le Laboratoire de Nantes.

Voici les résultats qui nous sont parvenus :

Chez M. Mercier, nourriture des vaches, avec la pomme de terre râpée, en plus de la ration quotidienne :

	Richesse en beurre du lait par litre	Caséine	Lactose	Extrait sec	Sels
	gr.	gr.	gr.	gr.	gr.
Vache, 6 ans, après vêlage . .	34,38	34,30	49,00	129,30	6,50
— 6 ans, en gestation. . .	42,40	35,60	45,60	133,90	5,90
— 6 ans après vêlage . .	46,20	38,60	49,30	141,40	6,70
— 9 ans, en gestation . .	42,30	40,00	49,30	142,90	7,40
Chez M. Upon, nourriture sans pommes de terre.					
Vache, 3 ans. en gestation . .	24,40	29,90	50,00	114,90	7,00
— 7 ans, — .	39,00	33,70	46,00	130,70	6,80
— 8 ans, — .	35,60	35,00	48,60	129,00	6,90
— 12 ans, après vêlage . .	33,60	35,90	49,30	128,97	7,40

Et si maintenant nous faisons la moyenne de la production en beurre des quatre vaches, dans les deux catégories, nous avons :

1° Avec pommes de terre 41 gr. 22 de beurre par litre de lait.

2° Sans pommes de terre 32 gr. 32 — —

Il en résulte ainsi une augmentation de 10 grammes environ de beurre par litre de lait, due à l'intervention de la pomme de terre râpée dans l'alimentation.

D'autres agriculteurs, au lieu de donner des buvées seules, ajoutent des feuilles sèches d'ormeau qu'ils ont l'habitude de récolter et de conserver en belle saison. L'ensemble forme une nourriture substantielle permettant de supprimer complètement le foin de pré.

Et, c'est en revoyant les études magistrales de MM. Gouin et Audouard sur l'élevage des veaux à l'aide de la fécule, que nous nous demandons si la substitution de la pomme de terre, matière première de la fécule, à la fécule industrie elle-même, ne deviendrait pas plus économique.

Les résultats constatés sur les vaches, alors que la pomme de terre, au dire des auteurs, ne semblait pas tout particulièrement désignée pour les laitières, indiquent déjà qu'à cet état de brusque cuisson, comme la transformation en empois et ce commencement de saccharification, le tubercule bénéficie de la faculté laitière de l'état cru, constaté par Cornevin et de la faculté nutritive qu'il possède à l'état cuit.

La composition de la pomme de terre est la suivante, pour les variétés Early et Richter, cultivées dans notre région :

	Early	Richter
Eeau	75,01	73,30
Matière sèche	24,09	26,70
Matière azotée	3,04	2,57
Fécule	16,90	19,27
Matière non azotée	3,30	3,20
Cellulose	0,64	0,55
Cendres	1,05	1,11

Dans la formule conseillée par M. Gouin, on substitue à 10 litres de lait pur 12 litres de lait écrémé et 600 grammes de fécule dans la ration quotidienne du veau, en moyenne.

Or, si nous considérons en chiffre fort, pour la simplification du calcul, la richesse en fécule de la pomme de terre, à 20 %, il nous faudra employer 3 kilogrammes de pommes de terre pour obtenir les 600 grammes de fécule.

Mais ce dernier produit industriel est souvent fraudé ou blanchi à l'aide de l'acide sulfurique et coûte 40 francs les 100 kilogrammes.

La pomme de terre, en année de production normale, coûte 3 francs les 100 kilogrammes. La ration, à l'aide de cette dernière, reviendrait donc à 0 fr. 09, alors que la première coûte 0 fr. 20. Il y aurait évidemment à faire intervenir les frais de râpage et l'amortissement de l'instrument.

Mais, à considérer les résultats obtenus sur les grands bovins adultes (1 kilogramme de pommes de terre pour 10 litres d'eau bouillante), il est possible que la proportion 3/12 pour les veaux soit exagérée et que celle de 2/12 soit suffisante.

Et ce qui doit surtout retenir l'attention, c'est que cette alimentation ne se bornerait pas à apporter seulement l'élément féculent, mais encore tous les éléments azotés, non azotés et salins qui entrent dans la composition du tubercule, dont la proportion n'est nullement négligeable et que cette cuisson instantanée amène très probablement à un grand degré de digestibilité. C'est ce point économique tout spécial qui nous a frappé et sur lequel il convient d'appeler l'attention des savants et des praticiens.

Nous n'avons malheureusement pas les moyens et les éléments nécessaires pour tenter scientifiquement des substitutions alimentaires relativement à l'alimentation artificielle des veaux. Mais d'autres pourront les tenter, et il y a peut-être dans cette voie une orientation nouvelle qui pourrait donner des résultats avantageux et intéressants.

Ce que nous pouvons ajouter, c'est que les porcs bénéficient avantageusement de cette nourriture, et que tous les fruits féculents, la châtaigne, le marron d'Inde, comme nous l'avons essayé, se transforment, après râpage, très facilement en empois par précipitation du liquide bouillant.

De plus, après dessiccation lente, la pulpe de pomme de terre se conserve parfaitement, et peut prendre, lorsque son emploi est devenu nécessaire, le même état qu'à l'état frais par la cuisson instantanée.

La confirmation de ces modestes observations permettrait de donner une impulsion nouvelle à la culture de notre précieuse solanée, d'obtenir plus de beurre de nos vaches laitières, et d'assurer économiquement l'élevage des veaux en mettant en action tous les éléments nutritifs, contenus dans les tubercules.

LES APPAREILS MÉCANIQUES DANS LA CULTURE INTENSIVE DE LA POMME DE TERRE

Par M. COUPAN,

Chef de Travaux du Génie Rural à l'Institut National Agronomique.

Mon ami M. Poher, m'avait demandé de faire une communication sur le « Matériel agricole destiné à la culture de la pomme de terre ».

Cette communication comportera deux parties : l'une théorique et l'autre pratique qui aura lieu au Stand de la Compagnie d'Orléans où se trouvent réunis les différents modèles de machines dont je vais vous entretenir dès maintenant.

Les machines destinées à la préparation et à la fertilisation du sol qui doit porter des pommes de terre n'offrent rien de particulier. Mais, dès qu'il y a lieu de préparer la semence pour la confier à la terre, apparaît le matériel spécial dont le Bureau du Congrès a bien voulu me confier l'étude.

Trieurs mécaniques. — On a reconnu depuis longtemps, qu'il ne faut pas employer comme semence le produit tout venant d'une récolte précédente. Les meilleurs tubercules à utiliser dans ce but ne sont ni les plus gros, ni les plus petits ; il faut donc extraire de la masse récoltée, les individus de grosseur moyenne capables de donner les meilleurs résultats ; c'est une sélection qu'on peut faire à la main, si la quantité nécessaire de semences ne dépasse pas quelques kilos, mais qui exige des *Trieurs mécaniques*, dès que cette quantité devient un peu considérable.

Le principe de ces machines est simple : si l'on est fixé sur le calibre maximum des tubercules à employer comme semence, un premier crible ou grille formé de gros fils croisés constituant des mailles carrées, arrêtera tout ce qui est trop gros, et laissera passer ce qui est bon ou trop petit ; une deuxième grille, à mailles réduites, ne laissera passer que ce qui est trop petit et le *refus*, de cette deuxième grille sera notre bonne semence.

Bien entendu, ces deux grilles seront superposées l'une à l'autre dans un bâti plus ou moins rudimentaire ; elles seront un peu inclinées et recevront d'un mécanisme actionné par manivelle des oscillations qui obligent les tubercules à se présenter de différentes manières devant les mailles ; enfin les pommes de terre « tout venant » seront placées dans une trémie pourvue d'une vanne de sortie, grâce à laquelle elles tomberont avec la vitesse convenable sur la première grille, sans risquer d'engorger celle-ci, ni de n'utiliser qu'insuffisamment la machine.

On pourra augmenter le nombre de grilles, de manière à avoir plusieurs cribles à mailles de dimensions plus variées et obtenir autant de

Fig. 43.   Cliché (P. O.)
Triage mécanique de la pomme de terre.

sortes de tubercules qu'on le désirera ; il serait cependant inutile d'exagérer, car la classification ainsi obtenue ne sera jamais précise : ainsi un tubercule long, mais étroit et mince pourra soit être arrêté par la première grille, s'il reste à plat sur elle, soit la traverser et rester sur la seconde, soit enfin traverser à la fois les deux grilles, s'il se présente en bout sur celle-ci. Seuls les éléments presque sphériques pourraient être véritablement triés, mais cette classification grossière est suffisante pour le but qu'on se propose d'atteindre.

La petite culture reculera évidemment devant la dépense que nécessite l'acquisition de semblables trieurs et il ne sera pas toujours possible aux intéressés de s'associer pour en acheter un à frais commun ; mais dès qu'on sait se servir d'une pince et d'un marteau, on peut en construire un, ne serait-ce qu'avec deux caisses de mêmes dimensions pouvant se superposer et assez petites pour pouvoir être secouées à bras ; le crible peut être constitué par du fil de fer un peu fort qu'on replie extérieurement sur les côtés de la caisse et qu'on maintient en place par ces « cavaliers » qu'on trouve chez tous les quincailliers, ou par de simples clous rabattus. On ne peut, avec une semblable machine, opérer d'un façon continue, mais néanmoins on va beaucoup plus vite et mieux qu'à la main et la construction de cet engin rudimentaire n'a occasionné ni grande perte de temps ni dépense appréciable.

La seule difficulté de l'opération consiste à éviter d'écorcher le tubercule et de détériorer les yeux ; on n'y peut évidemment parvenir qu'avec des cribles formés de fils de grosses dimensions.

Planteuses mécaniques. — Les tubercules étant bien calibrés, il faut les mettre en terre, en les espaçant aussi régulièrement que possible, de façon à faire sans difficultés les travaux d'entretien (binages, sarclages, buttages) et de récolte. Je ne dirai rien des procédés classiques de plantation consistant à ouvrir une raie et à y placer les pommes de terre à la main ; ils sont connus et si on cherche à leur substituer des moyens mécaniques, c'est qu'ils ne correspondent plus partout aux conditions économiques et sociales actuelles.

J'aborderai donc la question des plantoirs mécaniques. Ils ne sont pas encore très répandus en France et je suis bien obligé de reconnaître qu'ils ne sont pas à l'abri de toutes critiques, même pour ceux qui sont bien convaincus que la perfection n'est pas de ce monde. Mais je crois aussi qu'aux yeux de ceux qui ont reconnu la nécessité de faire, comme l'on dit, la part du feu, ils apparaissent comme des machines moins à dédaigner qu'on n'était tenté de le faire, il y a seulement quelques années.

Sans chercher à les décrire, ce qui dépasserait le cadre de cette communication, je les classerai en deux groupes ;

1° les plantoirs qui ne servent à proprement parler qu'à régulariser la plantation, comme espacement et comme profondeur d'enterrage et où l'on confie à un être humain le soin de placer les tubercules un à un, dans les organes d'enterrage de la machine ;

2° les plantoirs où le mécanisme, beaucoup plus complet, doit prélever les tubercules dans une caisse-réservoir où ils ont été placés en vrac et les conduire aux organes d'enterrage qui agissent comme ceux de la catégorie précédente et qui leur sont d'ailleurs identiques

Dans les deux cas, le plantoir est tiré par un attelage généralement un cheval ou 2 bœufs et les deux roues, dont la jante est garnie de nervures d'adhérence, entraînent le mécanisme ; le bâti supporte en outre une pièce travaillante, lame de scarificateur ou corps de buttoir, ouvrant une raie de profondeur déterminée, dans laquelle les tubercules sont déposés à intervalles réguliers ; deux petits socs referment cette raie. Bien entendu, ces machines ne fonctionnent qu'avec des tubercules non germés.

Les plantoirs de la première catégorie comportent en outre un siège

sur lequel prend place l'ouvrier chargé d'ailleurs d'alimenter la machine
en tubercules. C'est en principe, un apprenti, le travail nécessitant plus
de prestesse dans les mouvements que de vigueur. Donc cet apprenti qui
a devant lui et bien à portée, une caisse à bords bas inclinée de son coté,
y puise avec ses mains les tubercules qu'il dépose ensuite soit dans les
casiers formés par les cloisons de tôle montées sur une chaîne sans fin,
soit dans un entonnoir au fond duquel se trouve un cylindre pourvu d'alvéoles, ou dans tout autre dispositif analogue. Entraîné par les roues

Fig. 41. — Planteuse mécanique.

tantôt à une vitesse invariable, tantôt dans quelques systèmes avec une
vitesse modifiable, ce mécanisme amène les tubercules les uns après
les autres, devant un tube de descente qui les conduit dans la raie ;
comme il est facile de disposer les organes de telle façon que deux, trois,
quatre, etc... alvéoles ou casiers passent devant le tube de descente pendant que l'essieu du plantoir fait un tour, on est certain que sur le trajet
correspondant au développement d'une roue on aura déposé deux, trois,
quatre tubercules..... à condition que le jeune apprenti n'ait pas pensé à
la prochaine fête du village à une ou plusieurs reprises !

L'agriculteur avait autrefois le moyen de se prémunir contre les
conséquences de ces inattentions ; il ne payait à l'apprenti, la plantation
terminée, qu'une fraction du salaire convenu et, au moment de la levée,
parcourait avec lui le champ ; tout manque correspondant à un oubli et
non, par exemple, à la pourriture d'un tubercule, donnait lieu à une
minime retenue. Pour éviter celle-ci, l'apprenti parcourait généralement
à l'avance le dit champ, plaçant une pomme de terre partout où il trou-
vait un vide ; le bon patron accordait alors une petite prime, puisque le
but qu'il poursuivait était atteint. Semblable méthode n'est plus de mise
maintenant. C'est pourquoi nous voyons revenir en faveur les plantoirs

complètement automatiques, dont on se désintéressait autrefois, en Europe du moins.

Sans trop chercher à qui exactement peut revenir l'honneur de leur invention, disons qu'ils sont originaires de l'Amérique du Nord et qu'ils comportent toujours une caisse réservoir où les tubercules sont placés en vrac et dont le fond présente la pente ou les surfaces inclinées nécessaires pour conduire ces tubercules autant que possible successivement à portée d'un organe spécial qui doit les prendre un à un et les conduire aux tubes de descente.

Cet organe peut être un tiroir, à mouvement alternatif rectiligne, analogue à celui de nos anciens semoirs à haricots. Le tiroir rappelé par un ressort, est normalement juste au dessus du fond du réservoir et un tubercule doit y prendre place ; au moment voulu, un taquet placé par exemple sur l'une des roues et agissant par l'intermédiaire d'une tringlerie convenablement disposée, entraîne ce tiroir au-delà du réservoir ; le fond de ce dernier ne maintenant plus le tubercule, celui-ci tombe et est aussitôt reçu dans le tube de descente. On substitue, du reste volontiers à ce genre de tiroir, un disque épais, pourvu de plusieurs perforations de gros calibre et placé de manière que l'une, seulement de ces perforations soit en dehors du réservoir ; il suffit de le faire tourner, sous l'influence de l'une des roues, autour de son axe propre, pour que les perforations sortant l'une après l'autre du réservoir, viennent amener un à un les tubercules dans le tube de descente.

On voit immédiatement que de semblables systèmes n'ont de chances de fonctionner d'une façon à peu près régulière qu'avec des tubercules soigneusement calibrés ; trop gros, ils seraient inévitablement sectionnés lors de la sortie du disque ou du tiroir ; trop petits, ils se logeraient à plusieurs dans la perforation, l'un d'eux au moins serait détruit et, en tous cas, la distribution serait irrégulière.

Certains inventeurs ont espéré atténuer l'inconvénient des différences de calibres et supprimer en même temps tout risque de sectionnement en extrayant par élévation, les tubercules de la caisse-réservoir. On trouve ainsi des appareils *à pince*, dans lesquels le fond est traversé par deux disques découpés, chaque découpure portant une pointe qui, pendant la rotation du disque, pénètre dirigée vers le haut, par la partie inférieure du réservoir ; il y a donc beaucoup de chances pour que cette pointe vienne toucher, par dessous, un tubercule, dès que la position correspondante est atteinte, une plaque de forme spéciale, articulée sur le disque, vient s'appliquer de l'autre coté du tubercule, le pressant contre la pointe qui pénètre dans la chair. Ainsi maintenu, le tubercule est extrait du réservoir ; quand le disque lui a fait parcourir un peu plus d'une demi-circonférence et qu'il est en dehors du réservoir, la plaque s'écarte et le tubercule tombe dans le tube de descente. Comme on le voit, la pomme de terre est piquée, ce qui peut être une cause de pourriture et la pointe peut même détruire un œil.

Très souvent, du reste, on substitue à cette pince une chaîne sans fin, munie de godets agissant à la façon d'une noria ; les godets arrivant successivement par le bas du réservoir à semences, leur concavité tournée vers le haut, prennent les tubercules et, au moment où ils passent sur la roue de chaîne qui les guide à la partie supérieure de la caisse, déversent ces tubercules dans le tube de descente. Ici, encore, la semence doit être bien calibrée et malgré cela, comme, en raison des secousses, il faut que les godets soient un peu grands pour qu'ils ne perdent pas prématurément

Fig. 45. — Planteuse mécanique.

leur contenu, on risque de déposer assez fréquemment deux pommes de terre au même endroit.

C'est pour parer à ce dernier inconvénient qu'une de nos principales Maisons françaises a modifié la chaîne à godets américaine en prolongeant vers le bas la coupe par palette cintrée transversalement et en articulant l'ensemble sur la chaîne. Au moment où l'une des coupes bascule sur le pignon de chaîne supérieur, la palette qu'elle porte, balaie à une petite distance le bord de la coupe qui la suit et expulse le tubercule supplémentaire qui aurait pu se loger dans cette dernière ; celui qu'elle contient elle-même tombe dans le demi-cône, formé par la chaîne et par la palette, basculée et écartée, de la coupe qui précède, de sorte qu'il n'y a plus de tube de descente et que les tubercules ne sont abandonnés qu'à la partie inférieure de la chaîne sans fin, donc tout près du sol. Enfin, comme il est toujours difficile de régler l'inclinaison des fonds de réservoirs de manière que les tubercules arrivent aux élévateurs en quantité ni excessive ni insuffisante, on trouve, dans cette intéressante machine qui plante deux lignes à la fois, des vis sans fin conduisant les semences au droit des chaînes à godets.

Voici donc des appareils automatiques qui ne risquent pas de détériorer les pommes de terre. Est-ce à dire que même avec des tubercules bien calibrés, le fonctionnement sera absolument sûr et qu'il n'y aura aucun manque dans la plantation ? Evidemment non, car nous ne pouvons pas demander à une machine agricole d'opérer aussi bien et même mieux qu'un ouvrier attentif. Mais plus le calibre des plants sera approprié à celui du mécanisme, moins ces manques seront nombreux. Avec une machine bien construite et une semence convenablement triée, j'estime que la proportion des manques est assez faible pour que les grands avantages de la plantation mécanique ne soient pas contrebalancés et pour que l'opération se solde, en conséquence, par un bénéfice dans la majorité des cas.

D'ailleurs dans un modèle tout récent, un dispositif spécial, qu'on garnit à l'avance de tubercules, délivre automatiquement un plant chaque fois que l'un des godets a passé sans prendre une pomme de terre.

Arracheuses mécaniques. — Le matériel de sarclage, de binage, de buttage et même les appareils pour la lutte contre les maladies ou les parasites, ne sont pas spéciaux à la culture de la pomme de terre et, à ce titre, je les passerai sous silence pour aborder la dernière catégorie de machines qui concerne plus particulièrement notre précieux tubercule, c'est-à-dire les arracheurs.

L'arrachage des pommes de terre est certainement l'un des problèmes les plus difficiles qu'on ait jamais demandé aux mécaniciens de résoudre. En laissant même de côté le nettoyage et la mise en sacs par l'arracheur même, opération qui ne semble pas avantageuse, puisqu'on doit considérer comme préférable, jusqu'à plus ample informé de laisser « ressuyer » les pommes de terre à l'air, avant de les entasser, les constructeurs se trouvent en présence d'une récolte disséminée dans un volume de terre inconnu. On leur demande d'extraire cette récolte autant que possible, en totalité, avec des machines qui, selon la formule consacrée, soient robustes, durables, fassent un important et excellent travail avec très peu de personnel et de force motrice, soient aisément maniables, ne nécessitent que très peu de rechanges ou de réparations, même entre les mains les plus volontairement maladroites et, enfin et surtout ne coûtent pas cher. Je ne dirai pas que les constructeurs soient très impressionnés par cette formule, d'abord parce qu'on la leur sert un peu trop souvent, ensuite parce que, quand une machine répond vraiment à un besoin, elle trouve acheteur au prix qu'elle vaut. Mais s'ils veulent rester dans les limites de prix et d'animaux-tracteurs correspondant aux disponibilités de la majorité des agriculteurs, ils sont très vite arrêtés, car pour ne pas risquer de laisser trop de tubercules en terre, ils sont obligés de faire agir les pièces travaillantes sur une largeur et une profondeur telles que la machine va remuer un cube de terre considérable ; or la matière utile à en extraire ne représentera jamais qu'une faible portion du volume total mis en œuvre. Et, même dans les cas les plus faciles, pour les terres légères non caillouteuses, cela correspondra à une grande dépense d'énergie, donc à des attelages puissants, et à un matériel robuste, dans ses parties essentielles tout au moins ; et tout se complique bien entendu, si les sols sont forts et s'il s'y trouve des cailloux plus ou moins volumineux.

Il est donc certain que l'on obtiendrait à moindre prix de bien meilleurs résultats, si l'on parvenait à sélectionner les pommes de terre de manière à leur faire acquérir, indépendamment des qualités primordiales qu'on recherche en vue de la production proprement dite, celle de former leurs tubercules dans une zone aussi restreinte et aussi près de la surface du sol que possible. C'est un vœu du mécanicien que je soumets aux spécialistes en les priant d'en tenir compte dans leurs recherches. En définitive, l'agriculture est une industrie qui doit chercher, comme toutes les autres, à obtenir le bénéfice maximum ; elle n'y arrive pas forcément par la production maximum ou par le prix de vente maximum, si les frais de production, parmi lesquels l'arrachage qui entre pour une part très appréciable dans le cas de la pomme de terre, s'accroissent en même temps En d'autres termes, une variété un peu moins productive ou un peu moins riche en fécule mais qu'on arracherait avec une machine à deux bœufs pourrait laisser plus de bénéfice qu'une autre, plus éminente, mais dont les tubercules plus dispersés obligeraient à atteler quatre bœufs à l'arracheur. Et soyez convaincus que, si jamais les sélectionneurs découvrent des variétés qui, tout en concentrant de plus en plus leurs tubercules à la base des tiges feuillues procurent des rendements encore plus élevés, en poids et en fécule, les mécaniciens applaudiront de bon cœur.

Je serai bref sur les mécanismes proprement dits ; je ne parlerai de l'arrachage ni à la houe, ni à la charrue ordinaire, ni même des arracheurs à un ou à deux socs prolongés par des barreaux de grille en éventail qui sont connus et utilisés partout. Je me bornerai donc aux arracheurs qu'on peut qualifier de « modernes », bien que le principe, tout au moins de certains d'entre eux, ait vu le jour avant celui qui a actuellement l'honneur de vous l'exposer et ne soit donc pas tout récent.

D'une manière générale on soulève, ce qui commence à la désagréger, toute la zone dans laquelle on suppose que les tubercules ont pu se former ; on y parvient au moyen d'un soc large fortement incliné qu'on relie par un ou deux étançons fixés au bâti de la machine. Celle-ci est supportée par deux roues qu'on munit de saillies pour qu'elles puissent efficacement actionner un organe chargé d'achever la désagrégation de la masse soulevée et d'extraire de celle-ci les tubercules. Comme on ne peut travailler qu'un seul rang sous peine de difficultés excessives, la voie de la machine est étroite ; l'équilibre est néanmoins suffisant.

Beaucoup de constructeurs recourent aux socs à tranchant continu, comme ceux des charrues ou plutôt des grands buttoirs ; d'autres emploient des pointes parallèles, fixées sur la face supérieure du soc. Cette dernière forme assure incontestablement une meilleure pénétration dans es terres dures ; peut-être aussi diminue-t-elle légèrement l'usure dans les sols sableux où cependant leur supériorité sur les socs lisses est beaucoup moins nette.

Les Américains et, à leur suite, quelques constructeurs allemands ont placé, derrière ce soc, un couloir incliné de bas en haut, vers l'arrière et dont le fond est formé d'une série de chaînes sans fin réunies par des liteaux transversaux ; le mécanisme anime d'un mouvement d'avant en arrière le brin actif de ce tablier sans fin ; en outre des cames impriment des secousses à ce crible mobile, de manière que les particules fines puissent passer au travers des chaînes. Les tubercules et les cailloux trop volumineux sont déversés à l'arrière, mais les petites pommes de terre peuvent retomber en mélange avec la terre fine et être ainsi perdues. En tout cas, ce type d'arracheur semble bien ne pouvoir convenir qu'aux terres nettement sableuses ; il faut, en général, quatre chevaux pour les traîner dans ces conditions.

Les Anglais, par contre, ont depuis longtemps désagrégé et criblé la terre soulevée par le soc au moyen de fourches montées sur un arbre parallèle au rang de plantes, donc perpendiculaire à l'essieu de l'arracheur et animé par les roues, d'un rapide mouvement de rotation. Cailloux et pommes de terre sont projetés assez loin, et pour les retenir il a fallu imaginer toutes sortes d'écrans à la fois résistants et élastiques, de manière à ne pas trop blesser les tubercules. Ces systèmes sont simples et assez efficaces ; néanmoins on leur reproche d'agir avec une brutalité excessive.

C'est pourquoi depuis une quinzaine d'années on a cherché à adoucir, dans la mesure du possible, le contact entre ces fourches et les pommes de terre et à diminuer la période pendant laquelle les fourches repoussent latéralement les tubercules. Il suffit, pour cela, d'employer des fourches qui, au lieu de parcourir une trajectoire de grand développement tout en restant dirigées constamment suivant les rayons du cercle ajouré qu'elles constituent avec leur monture, soient astreintes, d'une part, à suivre une trajectoire beaucoup moins étendue latéralement et d'autre part à rester pendant tout le mouvement parallèles, ou presque parallèles à elles-mêmes ; de cette manière dès qu'elles ont donné l'impulsion nécessaire, elles s'effacent pour ainsi dire, à mesure qu'elles avancent et leur action est incomparablement plus douce

Les combinaisons mécaniques adoptées pour réaliser ce programme sont assez variées et en général intéressantes ; elles se multiplient du reste, depuis la guerre et les derniers modèles que nous ont envoyés les constructeurs de l'Europe Centrale, se rapprochent beaucoup du mécanisme des râteaux-faneurs. Mais on trouve aussi des dispositions basées sur l'emploi de séries d'engrenage enfermées dans des enveloppes de formes parfois bizarres, ou encore de manches, en bois ou en métal, réunis à l'intérieur d'une même douille et glissant les uns sur les autres de la manière la plus curieuse.

A égalité de qualité des matériaux entrant dans la fabrication, ce qui n'est malheureusement pas facile à reconnaître avant l'achat, j'estime que ces machines sont d'autant plus recommandables qu'elles sont mieux disposées pour amortir, par l'élasticité, les chocs résultant de la rencontre des fourches avec les pierres ou les grosses mottes dures, et que les éléments susceptibles de se briser dans ces conditions sont plus aisément et plus économiquement remplaçables. Ainsi, les manches en bois sont, à

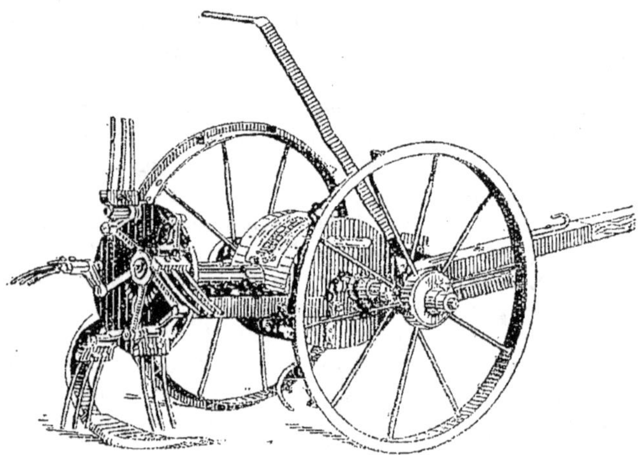

Fig. 46. — Arracheuse mécanique.

mon avis, préférables aux manches métalliques, parce que ces derniers ne se cassent pas assez facilement et que par suite, la transmission est trop exposée à un bris. De même, quand les fourches sont maintenues rigoureusement parallèles, comme il y a toujours un dispositif permettant de régler l'angle suivant lequel elles attaquent la masse de terre à fouiller, je considère que les machines où ce dispositif est rigide ne sont pas à recommander, et je préconise plutôt celles où ce même dispositif agit par l'intermédiaire d'un ressort dont la tension peut être appropriée à la nature de la terre à travailler, parce qu'alors les fourches pourront s'effacer et franchir, en général, les gros obstacles sans dommage appréciable.

Vœu. — *Le Congrès émet le vœu, étant donné le manque de main-d'œuvre dont souffre l'agriculture de notre pays, que les appareils pour la culture mécanique de la pomme de terre entrent de plus en plus dans la pratique agricole, et que des démonstrations soient faites dans les champs pour la plantation et l'arrachage mécanique du tubercule, en vue de les mieux faire connaître et de provoquer les perfectionnements qui pourraient être jugés nécessaires par leur mise au point définitive et rapide.*

(Adopté)

M. le Président. — Nous venons d'avoir le plaisir d'entendre M. Coupan qui nous convie à nous rendre au Stand de la Compagnie d'Orléans où il doit nous présenter les différentes machines agricoles destinées à la culture de la pomme de terre.

Mais avant, M. le Sénateur Faure veut bien nous dire quelques mots et si M. Coupan le permet, je vais lui donner la parole

CLÔTURE DU CONGRÈS

Allocution de M. FAURE
Sénateur de la Corrèze.

Après cette longue et instructive journée consacrée exclusivement à la pomme de terre, je tiens à adresser à la Compagnie d'Orléans les félicitations que nous lui devons pour avoir pris l'intéressante initiative de ce Congrès National de la pomme de terre.

J'exprime à ses éminents représentants, toute notre reconnaissance d'avoir si bien organisé ce Congrès et surtout d'avoir bien voulu fixer ses assises dans notre grande Métropole Limousine à l'issue de cette Exposition-Concours tenue sous les auspices et le patronage de la Fédération des Associations agricoles du Centre-Sud et de l'Office agricole de la Haute-Vienne.

Nous avons entendu durant ce Congrès nos savants maîtres de laboratoire, nos éminents professeurs de l'Institut National agronomique et de nos grandes Ecoles nationales d'agriculture, nos Directeurs de Stations de Pathologie ainsi que des techniciens et représentants étrangers qui ont bien voulu présenter d'intéressantes études se rapportant soit à la production de la pomme de terre qu'il convient d'intensifier parce qu'elle représente un gros revenu pour le pays, soit aux moyens de préservation de la précieuse plante contre les nombreux insectes et maladies qui ne cessent de l'atteindre.

Nous devons remercier ces brillants rapporteurs dont les intéressants travaux aideront à porter la production de la pomme de terre à son maximum, provoquant ainsi pour le pays un accroissement de ressources que nous devons tous souhaiter.

Je n'ai plus qu'à proposer un vœu, c'est que les enseignements qui découlent de ce Congrès soient mis à profit par toutes les personnes intéressées à la production de la pomme de terre, afin que notre pays puisse retirer les fruits de cette journée de travail consacrée à la culture et au commerce de la pomme de terre.

(Applaudissements).

Allocution de M. Le PRÉSIDENT

Les applaudissements prouvent combien nous nous associons au vœu qui vient d'être exprimé. Laissez-moi vous dire, comme Président de ce Congrès, combien je m'associe à ces éloges si mérités.

Au nom des départements voisins, je demande à M. Poher de vouloir bien nous continuer son concours dans d'autres départements. La Compagnie d'Orléans prévoit l'organisation de nouveaux Congrès, tel que celui de la châtaigne, je pense qu'elle ne voudra pas oublier celui de la noix. Elle travaillera ainsi pour le bien de nos diverses régions et pour le bien de la France en général.

Avant de clore ce Congrès il est certainement une personne que vous vous reprocheriez de ne pas entendre, c'est M. Convergne. Il nous a fait l'honneur d'assister à ce Congrès et nous le remercions très profondément. Il connaît parfaitement notre région et nous serions très heureux s'il voulait bien tirer quelques conclusions de cet intéressant Congrès.

Allocution de M. CONVERGNE
Inspecteur Général de l'Agriculture.
Représentant M. le Ministre de l'Agriculture

La bonne volonté des Congressistes, qui depuis ce matin ne cessent d'entendre parler de la pomme de terre a été telle que vraiment leur imposer à nouveau un discours serait une méchanceté et il faut toute votre insistance pour me décider à leur dire quelques mots.

Ils seront pour remercier les Organisateurs de ce Congrès et particulièrement la Compagnie du chemin de fer d'Orléans qui portera de nombreux fruits de « pommes de terre » que nous récolterons pour la prospérité du Limousin et que nous mangerons avec « la châtaigne », afin d'augmenter encore cette prospérité régionale.

J'avoue que pendant cette longue journée, je me demandais qu'elle pouvait être cette grande dame dont on parlait tant, car vraiment pour occuper une foule comme celle qui se pressait il y a quelques heures, il fallait que ce fût une personne importante. Cette personne, en effet, est une grande dame qui a vieilli et qui durant sa vie a eu pas mal d'avatars.

On nous disait durant ce Congrès que les Marocains l'accusaient de donner la gale et qu'ils s'obstinaient pour cette raison à ne pas vouloir la cultiver. Nous avons souri et cependant les Français d'il y a cent cinquante ans pensaient comme les Marocains d'aujourd'hui.

Il fallut alors qu'un apôtre, comme Parmentier fit accepter aux foules la pomme de terre,

Parmentier était à la fois un pharmacien, un botaniste, un cuisinier et un psychologue ; il devint sur la fin de sa vie l'apôtre d'une nouvelle religion : celle de la pomme de terre et trouva le moyen de faire adopter par tous en faisant appel à notre esprit de contradiction cette pomme de terre que personne ne voulait consommer.

Nous avons, paraît-il, l'esprit de contradiction inné et les Français de 1781 l'avait déjà. Aussi Parmentier devant leur refus de manger la pomme de terre s'ingénia à défendre sa consommation, prétextant que ce mets, en raison de sa qualité, ne devait être réservé qu'à la table du roi. Immédiatement tous les Français voulurent manger des pommes de terre et cette grande dame figura tout d'abord sur les tables les mieux servies, pour trouver place ensuite sur les tables les plus modestes. Depuis elle n'a cessé de vieillir, et cependant ses admirateurs sont restés nombreux.

Quelques-uns parmi eux se penchent sur sa personne avec beaucoup de soin, afin de constater si sa peau est toujours lisse, et à l'aide de microscopes ont trouvé que la pomme de terre était malade. Oui, elle est malade et c'est pour cette raison que nous nous sommes réunis aujourd'hui.

On s'est aperçu qu'elle avait la teigne, la galle, puis le mildiou ; maintenant une maladie beaucoup plus grave l'affecte : la dégénérescence.

Au sujet de cette maladie, je partage l'avis de M. Ducomet : nous n'arriverons à nous défendre de la dégénérescence que par l'obtention de bonnes semences et le seul moyen de lutte que nous possédions actuellement, est la sélection.

C'est je crois la pensée de M. Ducomet, mais il faut avant tout, des formules simples, susceptibles d'être retenues et appliquées facilement par tous les agriculteurs.

Aimé Girard avait il y a déjà 35 ans préconisé cette sélection et c'est pour moi un plaisir de voir rendre à ce grand Français l'hommage auquel il a droit. Malheureusement Aimé Girard ne fut pas écouté. A l'heure actuelle on comprend enfin sa méthode et en suivant les quelques allées qu'il nous traça, nous aboutissons à une conception qui donne des résultats pratiques intéressants.

En effet, beaucoup d'agriculteurs depuis quelques années sélectionnent leurs semences et obtiennent des récoltes de toute beauté. M. Ducomet désirerait voir entreprendre à la ferme deux cultures de pommes de terre ; je dois vous avouer que je ne suis pas entièrement de son avis, et M. Ducomet l'a fort bien compris, car à l'heure actuelle quand on constate la pénurie de main-d'œuvre que rencontrent les agriculteurs, on s'aperçoit qu'il y aurait encore une nouvelle difficulté qui ne se résoudrait pas toujours très facilement, si cette méthode était appliquée.

Il faut que nous nous aiguillions vers un procédé plus radical. Nous avons en France des régions qui sont productrices de semences de première qualité ; le Limousin notamment possède des variétés qui donnent satisfaction à la plupart des régions qui l'entourent. Aussi ce centre pourrait être considéré comme producteur de semences de plusieurs départements. Vous envoyez de ces dernières en Amérique du Nord, au Maroc, et dans toutes les basses vallées du Rhône ; pourquoi les tubercules produits en plus grande quantité ne pourraient-ils pas fournir à tous les producteurs du Centre de la France, des semences de premier choix que vous obtiendriez suivant les données actuelles préconisées par la science.

C'est un peu l'idée des Offices agricoles qui ont commencé cette obtention en procédant par des essais de variétés dans le but de connaître celles qui s'adaptaient le mieux aux différentes contrées. On nous avait vanté les semences étrangères ; très peu nous ont donné satisfaction, sauf toutefois une variété hollandaise, et ce sont encore nos belles variétés qui nous ont accusé les meilleurs résultats.

Dans les centres ainsi créés la sélection fut pratiquée par l'arrachage des pieds malades, puis le reste fut vendu comme semence. Dans un but d'encouragement les Offices consentirent une ristourne qui tomba dans la poche du propriétaire. Nous avons pu ainsi remonter la pente sur laquelle nous glissions et qui certainement nous aurait conduit à la disparition de la pomme de terre, ce qui eut été une catastrophe, en raison de la place importante qu'elle tient dans l'alimentation humaine.

Grâce à tous ces efforts, je crois que nous arriverons à avoir des producteurs de semences sélectionnées. Nous pourrions également créer parmi nos groupements, des commissions de contrôle comme elles existent en Hollande, qui grouperaient des coopératives soumises à un contrôle rigoureux et qui fourniraient des semences avec une garantie telle, que les agriculteurs pourraient être assurés d'avoir des plants sélectionnés, récoltés dans telle ou telle condition et qui donneraient les résultats qu'ils sont en droit d'attendre.

Actuellement la routine me semble morte, tout au moins bien malade, aussi je crois que cette question de premier ordre sera résolue.

Les agriculteurs sont entrés résolument dans la voie du progrès où ils trouveront des méthodes nouvelles susceptibles d'améliorer leurs cultures, dont les produits seront tels que nous pourrons les exporter en grandes quantités pour le plus grand bien du Limousin et de notre beau pays de France.

(Applaudissements).

Allocution de M. POHER.
Ingénieur des services commerciaux de la Cie d'Orléans.

Messieurs, je serai bref ; je remercierai la Fédération des Associations agricoles du Centre Sud, ainsi que M. le Président de l'Office agricole départemental de la Haute-Vienne et M. Dessalles, Directeur des Services agricoles de ce département, de l'aimable accueil qu'ils ont bien voulu nous réserver ici.

Je rappellerai que la Compagnie d'Orléans qui dessert une région essentiellement agricole a créé un service de propagande commerciale qui se tient constamment à la disposition des groupements agricoles en vue de contribuer, en collaboration avec le Ministère de l'Agriculture, au développement des productions qui sont la richesse du pays.

Mes remerciements iront également aux rapporteurs de ce Congrès, ainsi qu'aux nombreux auditeurs qui en ont suivi les travaux ; j'espère que cette intéressante manifestation ne sera pas sans lendemain. Nos discussions ont éclairci bien des points et posé les jalons de nos travaux futurs.

Les agriculteurs de nos régions du Centre tireront de très sérieux enseignements de cette « journée de la pomme de terre » tant au point de l'amélioration des cultures par un choix judicieux des plants, l'introduction des procédés mécaniques de plantation et d'arrachage.

La Cie d'Orléans dont les intérêts sont liés à ceux de notre production agricole du Centre et du Sud-Ouest sera heureuse d'avoir pu contribuer à ce résultat.

Des maintenant je tiens à vous faire connaître son intention de poursuivre l'œuvre entreprise par l'organisation d'essais d'utilisation d'appareils mécaniques pour la culture de la pomme de terre, dans cette région du limousin qui est l'une des plus belles et des plus fertiles de son réseau.

(Applaudissements).

ANNEXE

RAPPORT SUR LES ESSAIS D'ARRACHAGE MECANIQUE DES POMMES DE TERRE DANS LA CREUSE (1924)

Par M. RIVIÈRE,
Directeur des services agricoles de la Creuse.

Le premier Congrès National de la pomme de terre, qui tint ses assises à Limoges, en juin 1924, devait avoir, comme suite naturelle, des démonstrations complémentaires d'arrachage mécanique des tubercules ; les Services commerciaux de la Compagnie du chemin de fer de Paris à Orléans, toujours soucieux de favoriser la production agricole, sous toutes ses formes, n'ont pas manqué de rechercher aussitôt les possibilités d'organiser une série de démonstrations pratiques.

Avec la collaboration de l'Office Agricole et de la Direction des Services Agricoles de la Creuse, il fut décidé que des essais seraient entrepris à la prochaine récolte dans ce département.

Pour assurer à cette manifestation toute la réussite désirable, deux raisons majeures devaient guider les organisateurs dans le choix de la région où ces expériences allaient être faites : l'importance et l'avenir de la culture de la pomme de terre d'une part, les difficultés de main-d'œuvre d'autre part.

Et ceci nous amène à examiner brièvement ces deux questions dans le département de la Creuse.

La pomme de terre occupe une place très importante dans ce département du centre, où plus de 33.000 hectares sont actuellement consacrés à la culture de cette précieuse solanée.

C'est par milliers de wagons que se chiffrent les exportations annuelles et l'on peut évaluer la production totale de 1924 entre 5 et 6 millions de quintaux.

Grâce aux encouragements de l'Office agricole, qui organise chaque année des concours itinérants, dans le but de récompenser les bons producteurs, les méthodes de sélection entrent dans la pratique courante et il n'est pas douteux que la Creuse tend à prendre une place de premier plan, parmi les départements exportateurs de pommes de terre de consommation et de semence.

Malheureusement, la crise de main-d'œuvre agricole dont souffre toute la France sévit avec une particulière intensité dans ce pays, où le courant d'émigration était déjà donné depuis bien avant la guerre; et la récolte des pommes de terre, à une époque de l'année où d'autres travaux agricoles, également urgents, demandent des bras, s'en trouve fort compromise. Il

Fig. 47.　　　　　　　(Cliché P. O.)

Démonstrations d'arrachage de pommes de terre dans la Creuse.

est difficile, avec le peu d'ouvriers dont on dispose dans une exploitation, de terminer l'arrachage pendant les courtes périodes de beau temps du mois d'octobre et, dans ces conditions, il n'est pas rare de voir encore des récoltes sur pied en novembre, à la merci des neiges et des fortes gelées.

Il était facile, dans ces conditions, de comprendre tout l'intérêt que pouvait présenter pour l'agriculteur creusois, l'organisation de démonstrations d'arrachage mécanique, qui devaient le renseigner et lui permettre d'acheter en toute connaissance de cause.

Ces essais eurent lieu dans les principaux centres de production du département et dans les sols les plus divers, sous le double rapport de la nature et de la fertilité :

Le 29 septembre, chez M. Tixier, agriculteur à Puy-Maillat près La Souterraine, dans une terre de moyenne consistance, mais humide, par suite des pluies récentes.

Le 30 septembre, chez M. Judet, ancien député à Lavaufranche; sol moyen, mais renfermant beaucoup de cailloux et quelques rochers en surface — Fanes très vertes — Pluie l'après-midi.

Le 1er octobre, chez M. Laumond, près Bourganeuf; terre légère et caillouteuse, très mouillée et plus ou moins envahie de chiendent, de ravenelles et de fougères.

Le 2 octobre, essais près Auzances, dans les propriétés de MM. Dubosclard et Lescuyer; terre moyenne, légèrement caillouteuse et très mouillée par les pluies des jours précédents.

Le 3 octobre, chez M. Frédéric Danton, au Marchedieu près Aubusson terre moyenne où les ronces rampantes, assez abondantes, rendaient le travail plus difficile.

Enfin, le 4 octobre, la clôture eut lieu aux environs de Guéret, sur la propriété de M. H. Petit, à Bellevue, en terre propre, de moyenne consistance, et portant des fanes très développées et encore vertes.

Deux groupes d'appareils ont été présentés:

1° Arracheuses à fourches, rejetant les pommes de terre sur le côté;

2° Arracheuses à élévateur, déposant les pommes de terre derrière l'appareil et dans l'axe de la marche.

Arracheuses à fourches. — Voici leurs principales caractéristiques :
Poids moyen, en ordre de marche, 325 à 350 kg.

Roues à écartement variable (60 à 85 cm.) et bandage par cornière à aile extérieure, ou intérieure suivant les modèles, et patins d'entraînement.

Fourches élastiques, à trois dents, interchangeables et à longueur variable et réglabe.

Guidage des fourches par manches en bois. Ces manches se cassent rarement, grâce à l'élasticité des fourches. En tous cas, leur remplacement est facile et peu coûteux. Il est recommandé de ne pas huiler ni savonner les manches à cause des poussières et du sable.

Inclinaison des fourches réglable à volonté, suivant la nature du sol.

Soc réglable en profondeur par vis ou crémaillère.

Dans cette catégorie d'arracheuses, quatre modèles ont participé aux essais :

1° La « Continental », Etablissements Champenois, Cousances-aux-Forges (Meuse).

2° La « Kawik », des Etablissements Desaubliaux, 118, rue de Crimée, à Paris.

3° L'arracheuse « Wallut », maison R. Wallut et Cie, 168, boulevard de la Villette, Paris.

4° La « Mélichard Hajek » des Etablissements Fr. Mélichard, 7 bis, place du Combat, Paris.

Cette dernière arracheuse diffère des trois premières par son système de fourches rotatives et dépourvues de bâtons et par son poids moindre (270 kg. en ordre de marche).

Le travail exécuté par chacun de ces appareils est sensiblement le même.

Ils n'exigent qu'un outillage moyen, et peuvent arracher un hectare par jour.

Quoi qu'on en ait dit, les fanes ne les empêchent pas d'accomplir leur tâche. On avait choisi à dessein quelques champs où les fanes étaient encore vertes et très denses et les arrêts par « bourrage » ont été exceptionnels.

On avait aussi l'appréhension que ces arracheuses devaient laisser beaucoup de tubercules en terre. Nous sommes heureux de dire que les perfectionnements apportés au réglage des fourches et de l'inclinaison des socs, ont atténué, dans une large mesure, ce qui semblait être un gros inconvénient.

Ce sont des appareils qui seront appréciés de la culture par leur légèreté, leur facilité de conduite et de réglage et leur construction robuste.

Il est recommandé, pour faciliter le travail et éviter le piétinement des tubercules arrachés ou leur recouvrement partiel au tour suivant, de les rassembler sur le côté, en ligne, au fur et à mesure du travail (une personne munie d'un râteau suffit).

Arracheuses à élévateur : un modèle a participé aux essais, « l'International » de la Compagnie Internationale des machines agricoles (Croix-Wasquehal, Nord).

Appareil très intéressant, exécutant un très bon travail, mais un peu lourd pour les petites exploitations (500 kg.), demandant une force de traction supérieure à celle exigée par les appareils à fourches (2 paires de bœufs ou deux chevaux).

L'élévateur est constitué par des tringles reliées les unes aux autres et formant chaîne sans fin. Les maillons alternés forment des poches qui facilitent le nettoiement et le transport des pommes de terre à l'arrière.

Les secousses nécessaires pour séparer les tubercules de la terre sont produites par des pignons excentriques allongés. Habituellement, les excentriques les plus actifs sont placés à la partie supérieure de l'élévateur ; mais lorsque des secousses plus brusques sont désirées, les pignons peuvent être interchangés. Si aucune agitation n'est nécessaire (terres très légères) une paire de rouleaux peut être mise à la place d'une paire d'agitateurs.

Enfin, le secoueur placé à l'arrière fait tomber par ses vibrations rapides, la terre qui pourrait encore adhérer aux tubercules.

Malgré la longueur relative de l'appareil, il est possible de tourner suffisamment court, grâce à un avant-train type « auto ».

Écartement des roues fixes (0 m. 70-0 m. 75). Il sera bon, pour éviter le passage des crampons des roues sur les pieds non encore arrachés, de faire les plantations à 0 m. 80 ou 0 m. 85 de distance entre les lignes.

Les fanes, retenues par des dents courbées, sont rejetées sur le côté.

Ramassage facile des pommes de terre, bien en vue sur le sol où elles sont réunies sur le sillon venant d'être ouvert par le soc de forme spéciale, qui ramène vers le centre la masse soulevée.

Certes, l'arracheur idéal, sans aucun défaut, n'existe pas « la perfection n'est pas de ce monde » mais les appareils qui nous ont été présentés et qui ont été expérimentés dans les conditions les plus variées, nous paraissent devoir rendre un énorme service à la culture.

De nombreux agriculteurs sont venus assister à ces essais (plus d'un millier) et les affaires qui se sont traitées séance tenante et par la suite, sont un témoignage de l'intérêt présenté par ces démonstrations. S'il était besoin, nous ajouterions que des renseignements nous ont été demandés de tous les coins de France.

Considérations économiques. — Il n'est pas indifférent de chercher à quel prix au quintal revient le travail exécuté à la machine, par rapport au travail fait à la main.

Dans les types d'appareils à fourches, les prix variaient de 1.200 à 1.400 fr., soit 1.300 fr en moyenne. Une machine peut travailler 200 jours répartis sur 15 ou 20 ans, soit un amortissement moyen de 6 fr. 50 par jour, somme à laquelle il y a lieu d'ajouter l'intérêt du capital engagé, calculé à 5 %, pour 10 jours de travail par an, ce qui fait également 6,50, soit 13 fr. en tout, par jour, pour les dépenses fixes de la machine.

Pour arracher un hectare par jour, il faut 4 personnes, dont deux femmes :

1 homme pour conduire l'attelage (prix, nourriture comprise) .	18 fr.
1 — — l'instrument (prix, nourriture comprise) .	18 fr.
2 femmes pour mettre les pommes de terre en ligne .	24 fr.
1 paire de bœufs .	25 fr.
TOTAL.	85 fr.

en y ajoutant les dépenses fixes, on arrive à 98 fr. soit 100 fr., en chiffres ronds, ce qui donne un prix de revient de 1 fr. le quintal pour un rendement de 100 quintaux, et 0 fr. 70 si le rendement, comme cette année, atteint 150 quintaux.

1 homme seul, travaillant à la main, peut arracher un tombereau de 1000 kgr. par jour ; en comptant sa journée au même prix que ci-dessus, le quintal revient à 1 fr. 80, soit 0 fr. 80 de plus que la machine. Cette dernière représente donc un gain journalier de 100 à 120 fr. et on récupère le prix d'achat dans l'espace d'un an ou deux, suivant l'importance des exploitations. A plus forte raison, la machine devient-elle économique, si son acquisition est faite par un syndicat agricole.

Un calcul identique nous permettrait de déterminer le prix de revien du quintal arraché avec les appareils à élévateur.

Telle est la conclusion logique que nous voulions donner à cette étude sans tenir compte de la rapidité du ramassage de la récolte, qui laisse ensuite toute latitude au cultivateur, pour faire ses semailles en temps opportun.

Qu'il nous soit permis, en terminant ce petit compte-rendu, d'adresser nos plus vifs remerciements aux Services commerciaux de la Compagnie d'Orléans pour la sollicitude éclairée dont ils ont toujours fait preuve en faveur de l'agriculture, et qu'ils sont prêts à nous témoigner à nouveau lorsque l'occasion s'en présentera.

TABLE DES FIGURES

PLANCHES HORS-TEXTE

TABLE DES MATIÈRES

ANNEXE

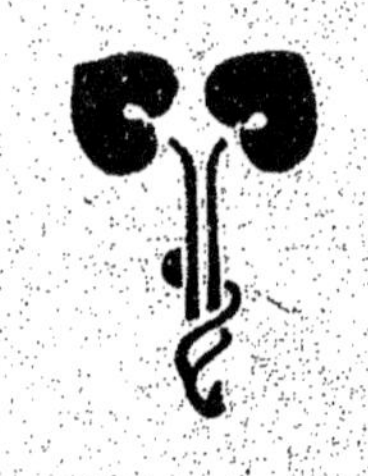